普通高等教育"十三五"服装类专业基础课程系列规划教材

DESIGN

服装面料再造
设计方法与实践

FUZHUANGMIANLIAOZAIZAO

SHEJIFANGFAYUSHIJIAN

主　编　刘楠楠　陈　琛

副主编　巴　妍

编写人员　李　冰　张春夏

西安交通大学出版社

XI'AN JIAOTONG UNIVERSITY PRESS

内容提要

本书内容共分为五章:服装面料再造设计概述、服装面料再造设计风格、服装面料再造设计灵感来源、服装面料再造设计的表现形式与造型方法、服装面料再造主题创作与设计实训。每个章节都围绕着一个有实际意义的问题进行深入的探讨与研究。全书含有丰富的图片资料,以文配图,图文并茂,具有一定的实践意义。

本书既可以作为高等服装院校、职业院校服装设计专业及相关专业的课程教材,也可以作为服装面料再造、面料加工制作行业相关人员的参考书籍。

图书在版编目(CIP)数据

服装面料再造设计方法与实践/刘楠楠,陈琛主编.—西安:
西安交通大学出版社,2017.5(2023.1重印)
ISBN 978 - 7 - 5605 - 9726 - 3

Ⅰ.①服… Ⅱ.①刘…②陈… Ⅲ.①服装面料-设计
Ⅳ.①TS941.4

中国版本图书馆 CIP 数据核字(2017)第 119273 号

书　　名	服装面料再造设计方法与实践
主　　编	刘楠楠　陈　琛
责任编辑	袁　娟

出版发行　西安交通大学出版社
　　　　　(西安市兴庆南路 1 号　邮政编码 710048)
网　　址　http://www.xjtupress.com
电　　话　(029)82668357　82667874(市场营销中心)
　　　　　(029)82668315(总编办)
传　　真　(029)82668280
印　　刷　西安五星印刷有限公司

开　　本　787mm×1092mm　1/16　**印张** 8　**字数** 192 千字
版次印次　2018 年 1 月第 1 版　　2023 年 1 月第 5 次印刷
书　　号　ISBN 978 - 7 - 5605 - 9726 - 3
定　　价　49.80 元

读者购书、书店添货,如发现印装质量问题,请与本社市场营销中心联系、调换。
订购热线:(029)82665248　(029)82667874
投稿热线:(029)82668133　(029)82665379
读者信箱:xj_rwjg@126.com

CONTENTS 目录

第一章 ▶▶ 服装面料再造设计概述

FUZHUANGMIANLIAOZAIZAOSHEJIGAISHU

学习目标　了解和掌握服装面料再造设计的特点与形式。

重点及难点　掌握不同面料的服装表现形式。

第一节　服装面料再造设计的概念

　　面料是构成服装的重要物质材料,服装的款式需要通过面料来表现,才能创造出具有美感的视觉效果,因此,面料是服装设计的前提和基础,面料的图案和纹样是构成服装风格的重要手段之一。随着服装产业的成熟,设计师在迅速变化的流行趋势和特定的产品技术要求面前,必须具备更高的设计能力,尤其是很多新型面料的不断出现,更向设计师提出了更高的设计挑战,仅仅以现有的原始面料为设计载体是远远不够的。因此,面料再造设计概念应运而生。

　　面料再造设计就是以面料的原始特性为出发点和切入点,通过传统或全新的设计方法和造型手段对面料的纹样、肌理、色彩元素进行再创造的一种二次设计活动。设计师应以现有的知识技能和个人审美为设计依据,进行观察、研究、提取、分析,将面料的纤维结构、色彩构成、表面肌理进行再次设计创造,改变材料原有特性和结构,形成全新的表面肌理和艺术审美趣味,从而激发设计师对服装的设计灵感与创造能力(如图1-1至图1-3)。

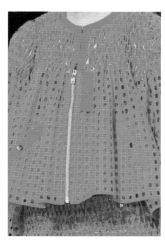

图1-1　　　　　　　　　　图1-2　　　　　　　　　　图1-3

第二节　服装面料再造设计的特点

早期的服装设计只是停留在款式和色彩的创新上,比如服装的外在廓形和零部件的轮回变化、服装装饰图案的加法减法等等,这样就使得服装设计风格相似,难以有很大视觉创新和突破。同样,设计师们对面料的理解只是停留在面料上印制一些绚丽的色彩或者抽象图案的层面上。实际上服装面料中肌理效果的变化手段不仅限与材料本身,完全可以对材料重新组合造型。将各种材料按照新的距离、层次、疏密排列,则会呈现不同的丰富肌理效果。

现代的面料再造设计是将不同肌理的面料、辅料通过艺术创新手法拼接在一起,赋予面料全新的艺术语言,使服装设计更具有独特性与创造性,也是设计师进行服装设计的重要设计手段。所以国内外几乎所有的服装设计师都把设计的重点放在了面料二次艺术创造上,这点让我们看到了很多惊艳、独特的服装视觉效果,图1-4至图1-6。图1-7至图1-9是将面料通过排列、层次以及堆积的二次设计方式打造全新的视觉效果;图1-10是将面料盘结成交错的折叠样式形成全新的视觉效果。

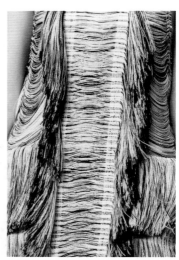

| 图1-4 | 图1-5 | 图1-6 |

图 1 - 7

图 1 - 8

图 1 - 9

图 1 - 10

图 1-11、图 1-12 是在面料上做新颖的刺绣工艺,形成新的面料样式;图 1-13、图 1-14 先将面料做减法设计(镂空),然后在镂空处做精致的刺绣。

图 1-11

图 1-12

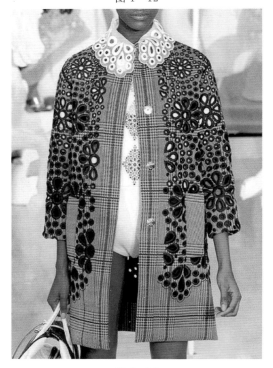

图 1-13

图 1-14

图 1-15 在镂空面料上添加流苏,加强了面料的动感和形式感;图 1-16 将面料剪裁成长条后盘成花型,装饰于面料之上,形成全新的面料样式;图 1-17、图 1-18 在面料上通过刺绣钉缝等工艺创造新的面料样式。

图 1-15

图 1-16

图 1-17

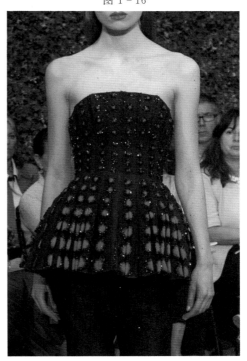

图 1-18

　　如图1-19、图1-20，设计师将面料剪裁成大量的片拼接在一起，通过色彩(黑色、金色)的交错和融合形成新的视觉效果；图1-21、图1-22编织编结是最常用的面料再造设计方法之一。

图1-19

图1-20

图1-21

图1-22

设计师们利用各种叠加,反复用褶皱压印甚至破坏的方式让手中的面料先声夺人,不断创新。服装面料再造设计丰富与拓展了新的服装设计思路,使其变得更有艺术性和研究性。为了达到理想的塑造效果,现代设计师尽可能地利用现有的原始面料,通过对视觉空间的探讨与研究,对面料的材质和肌理进行二次设计研究,以一种全新的表达方式诠释对服装设计概念的理解。

一、形式多样

服装面料再造是一项创意性强的面料设计环节,准确地说是将立体构成的概念实施于服装面料的二度创造,构成原理中强调单形元素的设计和组合方式。因此,只要将设计资料(面料和辅料)分解成为元素或是设某一资料为元素,灵活运用构成原理中的重复、分割、渐变、回转、透叠重合的手法。哪怕是单一的设计资料,同样可以得到具有形式美感的构成形式(图1-8至图1-16中面料均以单一元素为基础,通过重复、渐变等形式进行多样化处理,使面料产生新的形式美感与肌理效果,赋予服装独特的视觉效果)。图1-23将面料折叠后压褶,改变面料的视觉效果,强调服装的局部廓形;图1-24密集的点的排列形成面。

图1-23

图1-24

图1-25至图1-27是面料的减法设计,主要通过破坏、镂空、剪切等手段创新面料形式;图1-28通过白、蓝、红三色珠子穿插编织形成新颖的服装面料。

图 1-25

图 1-26

图 1-27

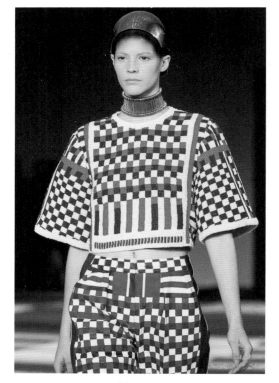

图 1-28

图1-29、图1-30通过编织与穿插的方法诠释新的面料样式；图1-31将大量的金属丝密集地固定在底布上，形成新的服装形式；图1-32通过折叠的方式将面料进行二次再造设计。

图1-29

图1-30

图1-31

图1-32

　　图1-33、图1-34在原有的花色面料上添加半立体式钉缝,增加服装的视觉感和立体效果;图1-35、1-36将面料做二次镂空设计,性感、神秘效果突出。

图1-33

图1-35

图1-36

图1-34

图1-37、图1-38在面料上钉缝立体花饰提升面料的观赏性和新颖度;图1-39在皮革面料上通过异色皮绳的穿插,展现出异域、民族风格的服装效果;图1-40双层面料之间放置填充物可以增加服装面料的挺括感和造型感。

图1-37

图1-38

图1-39

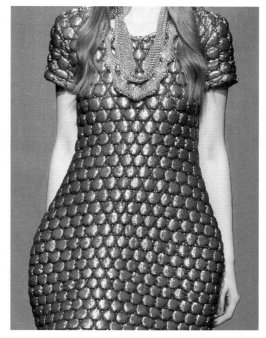

图1-40

　　图 1-41、图 1-42 堆褶与钉缝(亮片、珠子、花饰等)是所有礼服常用的面料再造手段;图 1-43、图 1-44 将镂空手法用于风衣的设计上还是比较少见的。

图 1-41

图 1-42

图 1-43

图 1-44

二、肌理丰富

一般来说,设计师可以根据原始面料自身具有的风格感和视觉效果,通过各种工艺手段以及造型资料的排列顺序、距离、疏密的不同,使原始面料获得全新的视觉肌理和触觉肌理。不同质感的原始面料可以营造出不同的肌理效果。一般对于硬质面料,着重其表面的光滑与粗糙、凹凸的肌理处理,可以用金属、线材、亮片、铆钉等辅料在硬质挺括的材料上面做半立体浮雕式的触觉肌理效果(如图1-45至图1-47);而对于质地柔软的面料表现则侧重于通过将原始折叠、抽褶、重叠、堆积等造型手法将面料原有的自然形态改变,变得更加飘逸、柔软、动感并富有层次(图1-48至1-50)。

图1-45　　　　　　　　　图1-46　　　　　　　　　图1-47

图1-48　　　　　　　　　图1-49　　　　　　　　　图1-50

　　现代服装的流行趋势就是简单的廓形加上复杂多变的面料设计，如图1-51这件普通的A型裙如果没有肩部、胸部以及裙摆处的省道线以及密集的折叠线的二次装饰设计，将是极其普通、平庸的一条裙子。

图1-51

图1-52至图1-55使用相同颜色的装饰物增加服装面料的质感和层次感,不需要华丽的颜色和夸张的花饰,只是简单的铆钉和小小的装饰物就可以展现服装的风格。

图1-52

图1-53

图1-54

图1-55

　　图 1-56 至图 1-58 以钉缝的方式打造新颖的面料样式,提升服装品质;图 1-59 将面料撕扯后钉缝于前胸做装饰。

图 1-56

图 1-57

图 1-58

图 1-59

　　图1-60至图1-65中的拼接、编织编结、镂空、立体花饰、色块拼贴、钉缝等手段都是面料二次再造设计手法,这些手法使普通面料变得与众不同且具有形式美感和价值感。

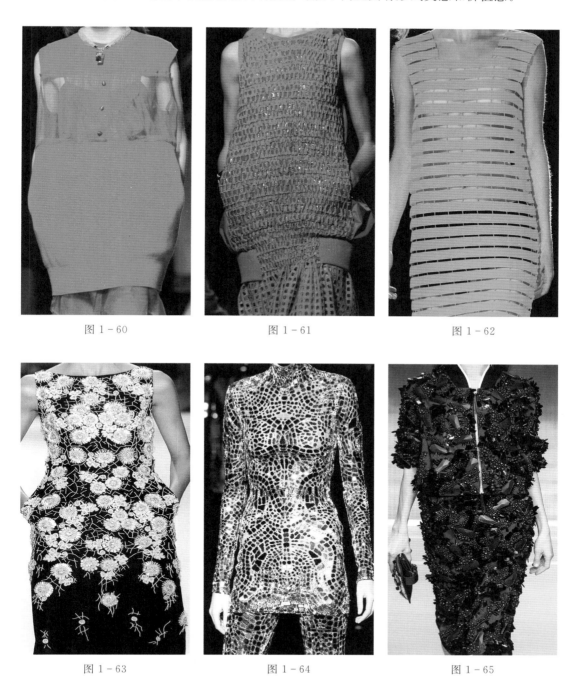

图1-60　　　　　　　　　　图1-61　　　　　　　　　　图1-62

图1-63　　　　　　　　　　图1-64　　　　　　　　　　图1-65

　　图1-66中精美的钉缝(亮片、宝石、珠子)装饰是 burberry 当季特有的面料风格特征;图
1-67中高品质的服装离不开精致美观的钉缝,将各种颜色和材质的材料组合在一起,通过全
新的设计语言设计出时尚美观的新型服装面料样式。

图1-66

图1-67

第三节　服装面料再造设计的意义

　　几乎所有的服装设计师都在运用"色彩、面料、款式"这三大服装语言来创新设计。在这种情势下,不少外国品牌设计师拿起了"面料改造"的武器,在面料的改造上创出自己的个性风格。进行面料再造设计应该以面料研究为基础,通过对外界各种事物的艺术审美与加工提炼,对面料进行二次开发设计,并且以实际的动手操作以及精湛的工艺手段为前提,使服装材料的再次设计成为服装设计的主要手段和必备技能之一。

　　服装面料再造设计也是很多选手从服装大赛中脱颖而出的必要手段之一,很多参赛服装犹如服装工艺品般精美绝伦,带给人非同一般的视觉感受和心灵碰撞,几乎所有的设计都是通过面料再造为主要的设计语言,将原本普通的服装通过面料外观的变化而使其发生质的变化。图1-68是第十六届新人奖入围效果图,针织服装本身就是以各种不同的肌理表现服装的风格,如果单纯地做针织服装的款式设计难以表达针织服装本身的肌理特点,因此,设计师在服装的全身、肩部、裙摆等各个部位均加强了服装的肌理感、立体感和层次感,使针织服装更具有大气、时尚的现代风格。图1-69也是第十六届新人奖入围效果图,设计师通过编织、编结、拼接、钉缝等工艺,使服装面料变得活灵活现、与众不同,因此在设计大赛中可以抓住评委和观众的视线,轻松入围。

图1-68

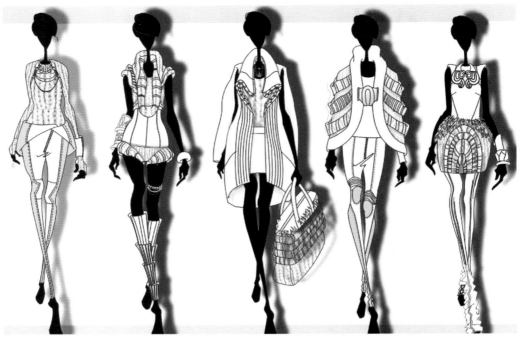

图 1 - 69

一、面料再造设计在服装设计教学中的意义

现今,几乎所有的服装设计专业都增加了服装面料再造设计这门专业学科,通过学生课堂专题实训以及课外实训练习以及专业老师的启发式教学,有效地推动了学生对服装面料的深层次理解与运用。作为服装设计专业的学生,对服装面料的厚薄度、伸缩性、柔软性、挺括感等特性要进行反复的研究与试验,能够将面料的特性与潜能更好地发挥出来。比如针织面料比较柔和,适合折叠、打折、褶裥等工艺技法;真丝面料天生比较娇贵,具有一定的光泽感和悬垂感,比较适合做具有规律性的褶子;牛仔面料分为弹性针织仿牛仔面料和普通牛仔面料,前者和针织面料特性相似,可以随意钉缝、缠绕以及扭曲;后者具有一定的挺括度和立体感,比较适合做旧、钉缝、铆钉、手绘工艺等。通过了解不同面料的性能及特点,大胆尝试将各种不同面料进行组合创新,并且在创新过程中通过对大量面料的了解与认知,加强了动手实践能力以及对面料再造创新的设计能力,有效地推动了面料的设计与发展,为日后的服装设计奠定了良好的基础(图 1 - 70 至图 1 - 73)。

图 1 - 70(作者于冬雪)在底料上用白色毛线交错钉缝成大小不一的圆形,用另外一块面料按照底料上钉缝的圆形大小剪裁出相同尺寸和位置的圆形,然后将这块面料覆盖于底料之上(白色毛线圆形露出),最后在圆形周围钉缝管珠增加画面的装饰感和层次感;图 1 - 71(作者于冬雪)将无纺布剪裁成圆片后对折缝合,然后翻转将缝份藏于内里,填充少量棉花后固定,最后钉缝上装饰亮片;图 1 - 72(作者于冬雪)将各种颜色的牛仔布剪裁成大小不一的圆片,个别圆片铆上铆钉装饰后将所有圆片按照图案黏贴;如图 1 - 73(作者于冬雪)将彩色帆布条缠绕后固定即可,构图时候注意轻重和主次关系。

图 1－70

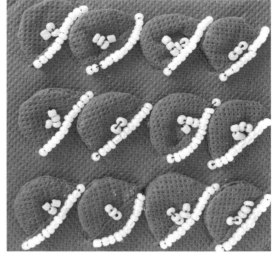

图 1－71

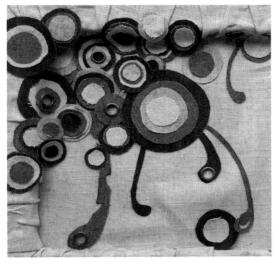

图 1－72

图 1－73

二、面料再造设计在服装设计领域中的意义

　　面料再造设计为现代的服装设计艺术提供了更加宽阔的设计空间以及努力的方向。在某种意义上来说,面料的再造设计就是未来服装设计的趋势所在。它已经成为了服装设计领域最具有说服力的设计语言之一。高校学生在上服装面料再造创新设计课程时,必须全面掌握面料基础知识,同时还要对多种面料的性能、优缺点进行熟练的应用与归纳,将各种面料分别进行染织、手绘、撕扯、做旧等试验后得出最终的试验效果,与此同时,多次反复试验过程就是一种设计过程和构思过程,比如:何种材料组合在一起会有出彩的效果? 何种面料适合做加法设计? 何种面料适合做减法设计? 相同色彩体现在不同材质上最终形成全新的面料形式等等,这些都是通过边试验边设计反复得出的结果。因此,我们在进行服装面料再造设计的时候要拥有全新的思维方式和精益求精的工艺手段进行设计再造,为未来的服装设计艺术提供更

加广阔的设计思路和思考空间。图1-74在裙摆位置添加亮片钉缝细节,使原本朴素的黑色面料变得华丽、生动;图1-75在面料做银色格纹分割,增加服装面料的层次感和设计感。

图1-74

图1-75

(一)服装面料再造设计是国际主流设计方向

众所周知,国内外每一个高级定制秀场几乎所有的顶级服装设计大师都在用面料再造设计这一创新手法,表达自己的服装理念及流行个性。普通的面料难以满足设计师的设计要求,所以在面料上做颠覆性的原创设计或者二次设计就显得尤为重要与必要。已故的设计天才亚历山大·麦克奎恩就是能给人惊喜的设计师,尤其是他设计的女装,非常精致,充满魔力,情趣盎然,女性味十足。那些很难剪裁的面料通过他的多次设计之后,却能表达出意想不到的效果。坏男孩有他异乎常人的梦想,他的想象力像是被施了魔法,充满了神奇色彩,在麦克奎恩的作品中有很多神奇、精彩甚至怪诞的造型一定离不开同样让人惊叹的面料设计手法,设计师将这些面料通过绗缝、渲染、撑垫、折叠等各种惊为天人的精湛工艺进行二次设计与加工,表达出不同设计师独一无二的设计语言与服装魅力。如图1-76所示,在腰身处做传统的手工褶饰肌理,起到撑垫和造型的效果;如图1-77所示,大量立体花饰的排列使服装产生韵律美感,表达服装个性。

图 1-76

图 1-77

　　如图 1-78、图 1-79,同样色调、形状、风格的金属钉缝,强调了配饰的风格与价值;如图 1-80、图 1-81,通过褶裥、高浮雕肌理等造型手法,使面料产生独特肌理感。

图 1-78

图 1-79

图 1 - 80

图 1 - 81

如图 1 - 82 至图 1 - 85,在鞋子的表面做镂空、浮雕、钉缝等工艺使鞋子产生全新的视觉效果,展示出如工艺品般的设计感。

图 1 - 82

图 1 - 83

图 1－84　　　　　　　　　　　　　图 1－85

（二）服装面料再造设计丰富了服装的内涵

服装面料再造设计以创意性设计为主流,通过强调面料的视觉效果和艺术品位来提升面料的附加值,经过二次设计的面料和服装外观独一无二、独特新颖。增加服装的品位和内涵,丰富的面料再造设计广泛应用于时装、高级成衣、高级定制服装等。比如通过钉缝、褶裥、填充等手法可以提升服装的华丽感;通过将面料做旧、做破、剪切等手法可以提升服装的附加值,增加服装的个性与美感。

高级法国女装品牌迪奥,创始人克里斯汀·迪奥一直是高级女装的代名词。他选用高档华丽的上乘面料、精美无比的装饰细节表现出高级女装的独特魅力。他继承着法国高级女装的传统,始终保持高级华丽的设计路线,做工精细迎合上流社会成熟女性的审美品位,也象征着法国时装文化的最高精神。迪奥总是能够将女性独特的魅力表现得淋漓尽致,无论是低调暗沉的黑色还是艳而不俗的彩色,经设计师的手也会成为一种流行的颜色,迪奥的时装华丽、晚装豪华、奢侈,总让人们屏息凝神,惊诧不已。如图 1－86 黑色的大面积刺绣图案赋予时装全新的风格特征;图 1－87 大量且多层次的褶裥使裙摆的造型感和立体感更加突出,强调服装风格;图 1－88、图 1－89 通过大量精美的刺绣、钉缝等工艺对面料进行再造设计,使服装更加大气、高贵,强调了服装的风格。

图 1 - 86

图 1 - 87

图 1 - 88

图 1 - 89

（三）服装面料再造设计提升了服装的品位与价值

服装面料经过二次再造设计后变得精致、华丽、独特,使原本普通的服装面料变为具有高度视觉审美和品质的前沿性服装面料,这正是顺应了当今消费者追求服装品质和个性的心理需求。以及瞬息万变的市场需求,同样的面料经过专门的再造设计后价格上涨,使面料的附加值大幅度提升,这也提升了服装原有的品位与价值。

面料再造设计分为整体性面料设计和局部式面料再造设计,整体性面料设计是针对整件服装或者是整块的服装面料进行工艺加工;局部式面料再造设计是针对面料以及服装的局部进行二次工艺设计。前者具有较高的完成度与整体感,适用于高级定制服装、舞台服装以及礼服;后者具有一定的审美品位与风格导向,适用于普通成衣以及高级成衣的局部细节以及图案设计。二者兼具设计与审美功能,对服装的款式、色彩、肌理以及风格起到关键性作用。如图1-90、图1-91,服装面料整体感与视觉感极强,点的密集会形成面,在金属质感的服装面料上钉缝大量金属色华丽细节,带给观众强烈的刺激感与闪耀感,增加服装的识别度与感染力,强调该品牌服装大气、高贵的惯有风格,此为高级定制服装必备的设计手段;如图1-92,前胸部位排列密集的线,并且在领口、胸下、腰部三个显著的部位做点的横向排列,将女性特有的精致、妩媚表现出来,上身的精致与裙摆飘逸感相映成趣,虚实相间,形成服装特有的风格;如图1-93,在网状面料上面拼贴具有反差感的 PU 面料细节,强调了服装面料局部的设计感与精致度,是高级成衣必备的服装面料局部设计手段。

图 1-90

图 1-91

图 1-92

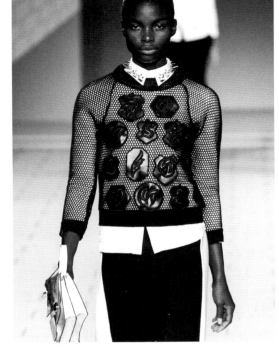

图 1-93

第四节　服装面料再造设计材料与工具

　　当我们对现有的重复式面料产生审美疲劳,可以尝试将面料结构重新组合,以打破原有模式,寻找一种新的设计理念和方法,在进行面料二次再造设计的时候,可以合理设计、大胆创新,甚至可以使用非服装用面料表现适当的视觉效果。在进行服装面料再造设计之前,我们需要对各种不同面料的肌理、特点、质感、性能等进行实验性的尝试,并且对实验的过程和结果做图片记录,根据不同面料所具有的特性进行多次的创新设计,比如,化纤面料通过用火烧边缘会出现自然的褶皱变化,适合做唯美的花型肌理;皮子质地比较坚硬,可以做染色和镂空效果;羊毛毡色彩鲜艳,质地硬实,可以做多种肌理效果;胶棒经过高温熔化后在面料上做涂层,肌理效果也很明显;用烟头也可以烫出蕾丝的表面效果;水貂绒经过火烧后会出现凹凸相间的层次感;丝袜经过做旧后可以有多种全新的效果和层次感;将牛仔类的面料系扎后用锂水去色,会出现怀旧感的扎染花纹,甚至将某些非服装面料(金属片、木珠、光盘等)通过一些有趣的手段拼接在一起也可以产生和谐且美观的服装。如图 1-94 用橡胶皮筋做服装面料的网状结构;如图 1-95 用塑料做点状肌理表现服装的个性;如图 1-96 将各种形状的金属片作为服装面料拼接到一起。

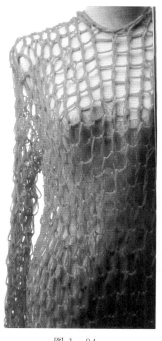
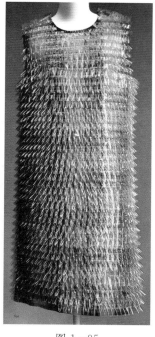

图 1-94　　　　　　　　　　图 1-95　　　　　　　　　　图 1-96

一、材料

　　服装面料再造设计所使用的主要材料就是服装面料和辅料,面料是服装设计的载体和先决条件,如果离开面料谈服装设计,可以说是苍白无力的。作为设计师,不仅仅要有良好的审美和扎实的基本功,还应该对材料具有一定的感知、操控能力,通过对各种不同材质的强韧度、伸缩性、光泽感、挺括性的了解,并且充分利用这些性能进行设计创造。面料再造设计经常会用到的面料主要以下几种。

(一)面料

1.色织类

　　色织类包括:色织布、针织仿牛仔布(如图 1-97 色织布、图 1-98 针织仿牛仔),此类面料适合折叠、盘结、拼接、缝制、钉缝工艺。

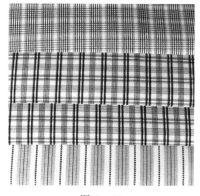

图 1-97　　　　　　　　　　　　　图 1-98

2. 毛圈类

毛圈类包括：毛巾布、鱼鳞布（如图 1-99 毛巾布、1-100 鱼鳞布），此类面料适合烧烫、切割、翻转、撑垫、盘结、扭曲、刷色工艺。

图 1-99

图 1-100

3. 绒布类

绒布类包括：单面绒、双面绒、天鹅绒、卫衣绒布、磨毛布（如图 1-101 单面绒、图 1-102 天鹅绒、图 1-103 磨毛绒、图 1-104 灯芯绒），此类面料适合折叠、拼接、钉缝、绗缝、剪切、黏贴、烫烧工艺。

图 1-101

图 1-102

图 1-103

图 1-104

4. 网眼类

网眼类包括:珠地网眼布、经编网眼布、蜂巢布(如图1-105网眼布、图1-106蜂巢布),此类面料适合堆折、折叠、剪切、拼接、手绘、刺绣工艺。

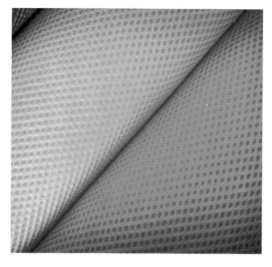

图1-105

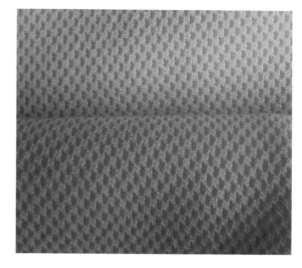

图1-106

5. 罗纹类

罗纹类包括:移圈罗纹、法国罗纹、抽条(抽针)罗纹、普通罗纹(如图1-107针织螺纹、图1-108普通螺纹),此类面料适合撑垫、拼接、编织、翻转工艺。

图1-107

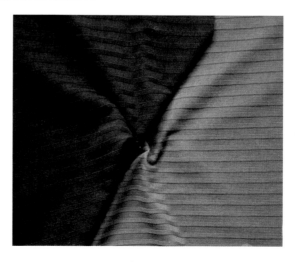

图1-108

6.呢类

呢类包括：精纺呢、粗纺呢（如图1－109、图1－110精仿呢，如图1－111、图1－112粗纺呢），此类面料适合剪切、拼贴、拼接、填充、缝制、钉缝、烧烫、切花工艺。

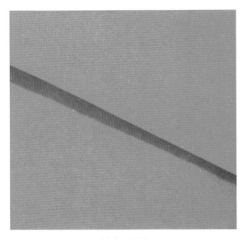

图1－109

图1－110

图1－111

图1－112

7.薄纱类

薄纱类包括：乔其纱、乔其绉、雪纺、塔夫绸（如图1－113乔其纱、图1－114乔其绉、图1－115塔夫绸、图1－116电力纺、图1－117至1－118雪纺），此类面料适合熨烫、钉缝、堆折、盘花工艺。

图 1 - 113

图 1 - 114

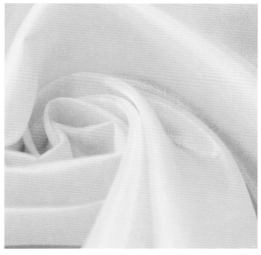

图 1 - 115

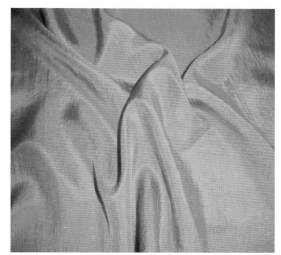

图 1 - 116

图 1 - 117

图 1 - 118

8. 综合类

综合类包括：烫金、银面料，金、银丝面料、华夫格、提花面料、印花面料、不织布、无纺布（如图1-119金银丝面料、图1-120华夫格），此类面料适合折叠、支撑、剪切、流苏、拓印、烫烧工艺。

图 1-119　　　　　　　　　　　　　　　图 1-120

（二）辅料

辅料就是对服装主要面料起到修饰和强调作用的辅助材料，比如亮片、珠子、亚克力宝石、扣子、装饰条带、干花、羽毛、流苏、金属装饰物、木块、陶土、玻璃片等。

二、工具

裁剪刀、剪刀、手针、线（棉线、毛线、油线、鱼线等）、镊子、锥子、尺子、铅笔、气消笔、花绷子等，见图1-121工具。

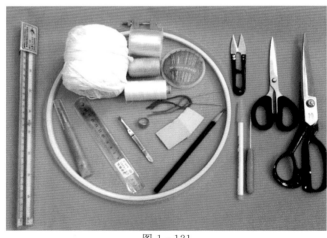

图 1-121

课后习题

1.简述服装面料再造设计的要素。

2.分组讨论关于服装面料再造设计所需的材料准备及其组合方式。

第二章 ▶▶ 服装面料再造设计风格

FUZHUANGMIANLIAOZAIZAOSHEJIFENGGE

学习目标 了解和掌握服装面料再造设计风格特征。

重点及难点 使用不同的材料表现各种风格面料特征。

服装面料再造设计同服装设计一样也有其专属风格,面料再造的艺术风格具有明显的代表性和倾向性,它的艺术风格不仅是原始面料风格的体现,同时也是设计师全新理念的传达与自身个性的一种表现。设计师在创作过程中会融入个人意识和流行元素,是一门具有创造性和审美性的视觉艺术。面料再造设计风格的形成就是将原始面料潜在的性能、装饰资料的特点以及新颖的造型手段三者融会贯通,以最清晰、准确的方式将其展现出来,即表现为服装面料再造不同的设计风格。服装面料再造的风格可以影响甚至决定服装的风格,主要分为以下三种风格:古典风格、现代风格、未来风格。

第一节 古典风格

古典风格就是以古典元素为依据,加以现代的设计理念和创新手法进行面料再造设计。其主要风格特征是端庄、大气、高雅,有一定的时代感,包括华丽精致的欧式古典风格、简洁文雅的中式古典风格、色彩艳丽的民族风格。常用材料有塔夫绸、天鹅绒、蕾丝、锦缎、亮片、串珠、宝石等。如图2-1(作者丁亚男)民族风格将白色真丝缎按照设计方案折叠后用白色粗线捆扎;如图2-2(作者丁亚男)捆扎完毕后用真丝专用染液进行多色点染,染色顺序是由浅入深。

图2-1 图2-2

  如图 2-3 完成图（作者丁亚男）；如图 2-4（作者申影）按照图案选择各种颜色的圆珠及管珠，进行钉缝，使面料肌理呈现民族风格；如图 2-5（作者申影）将不织布按照花型剪好沿着边缘处缝线迹，然后添加各种装饰物；如图 2-6（作者申影）将做好的 16 朵花型排列即可。

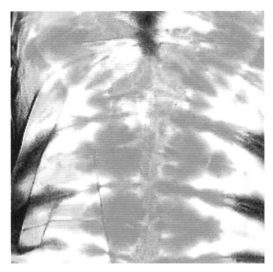
图 2-3

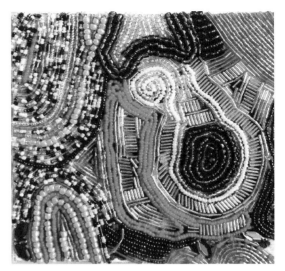
图 2-4

图 2-5

图 2-6

  如图 2-7（作者丁亚男）选择一块轻薄的面料作为底料，将图案用铅笔或气消笔描绘在底布上，按照画好的纹样用各种颜色的毛线平缝即可；如图 2-8（作者丁亚男）作品具有异域风情；如图 2-9（作者丁晓晴）、图 2-10（作者丁晓晴）借用少数民族浓郁、对比强烈的色彩为灵感来源。

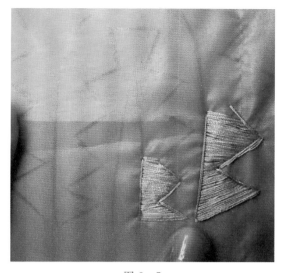

图 2 - 7

图 2 - 8

图 2 - 9

图 2 - 10

第二节　现代风格

　　现代风格的服装面料再造设计就是以现代艺术题材为切入点所创作的一种面料再造风格,也是近年来面料肌理再造的主流风格,其最大的特点就是造型手法多样、视觉和触觉肌理丰富、多变,材料不拘一格,可以尝试将不同质地、风格、色彩的材料进行综合设计,包括简约风格、优雅风格、浪漫风格、华丽风格、前卫风格。

一、简约风格

简约风格通常使用简单的结构和造型手法,表达一种理性思维方式的简约型面料再造设计风格。简约不代表简单,只是用相对概括的点、面以及流畅的线条表达出丰富的画面内涵。如图2-11(作者丁亚男)将不织布拼接在一块泡沫板上后用熨斗熨平,作品材质简单,格调高雅;如图2-12(作者丁亚男)将米色及绿色丝绒缎带剪成一定长度,反面对折缝合,翻转过来后钉缝;如图2-13(作者邢琳)、2-14(作者邢琳)为简约风格的面料样式;如图2-15(作者马艺伦)材质简单、造型独特;如图2-16(郭思雯)以简单的色调与造型打造简约风格面料样式。

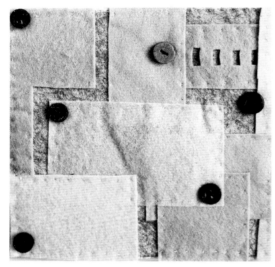

图2-11

图2-12

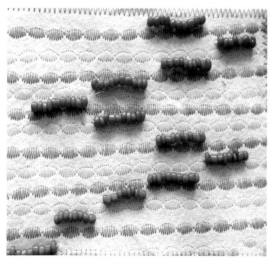

图2-13

图2-14

图 2 - 15

图 2 - 16

二、优雅风格

优雅是对人或者物的一种赞美语,是清新风雅、优美雅致的意思。优雅风格是女性感极强的面料再造风格,可将别致的色彩、精致的装饰细节、质感独特的面料结合在一起,表达出优雅、知性的画面风格。在设计与制作优雅风格的面料小样之前,首先要选择高雅、高级或者清新不落俗套的面料,只有面料得体,设计感觉和品位才会随之而来(图 2 - 17 至图 2 - 20)。

如图 2 - 17(作者侯蕴珂)将粉色蕾丝面料裁成长短不一的条,然后以穿插的方式进行编排;如图 2 - 18(作者丁亚男)选择质地粗糙的粗麻面料做底,将剩余的底料裁成粗长条,缝上红色装饰线,盘绕成简单的造型后固定,形式简单,风格独特;如图 2 - 19(作者孔希)浅浅的米灰色面料是体现雅致品位的最佳色彩;如图 2 - 20(作者孔希)水溶花片添加小颗的亮钻装饰,若隐若现,耐人寻味。

图 2 - 17

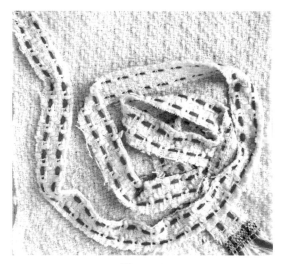

图 2 - 18

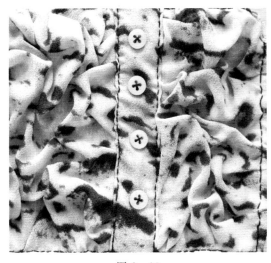

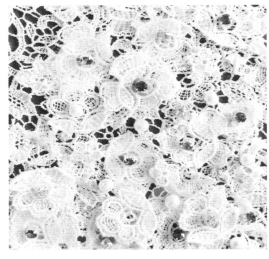

图 2-19　　　　　　　　　　　　　　　　　图 2-20

三、浪漫风格

　　浪漫意为纵情、烂漫,富有诗意、充满幻想,多为年轻女孩子才会保持的一种充满激情与不拘小节的个人风格。浪漫风格在面料设计中表现为一种飘逸、唯美的感性思维表达风格,在造型手法以及色彩搭配上可以大胆、夸张,以大面积的褶裥、钉缝、刺绣手段为主,材料也以雪纺、蕾丝、薄纱类面料为主。

　　如图 2-21(辛雨薇)选择颜色相同质地相异的两种面料,按照纱向裁成大小适中的长方形,将长方形面料用手针按照从右往左的走针方向平缝,缝好后抽褶,抽褶时不要抽紧,以免难以出现自然的褶裥效果;如图 2-22(辛雨薇)将面料进行横向堆折,堆折同时在左右两侧用珠针固定,堆折全部完成后在折缝处添加粉色装饰条,最后添加珍珠,整幅作品呈现浪漫华丽的风格;如图 2-23(作者孔希)黑色丝绒、粉色锦缎、蕾丝这些元素共同营造了一种少女般的浪漫风格;如图 2-24(作者孔希)在灰色的蕾丝上点缀几朵浪漫的小粉花,使画面更加别致。

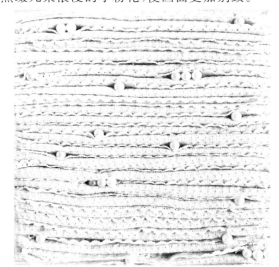

图 2-21　　　　　　　　　　　　　　　　　图 2-22

图 2-23

图 2-24

四、华丽风格

　　华丽指美丽而有光彩,豪华美丽。面料再造设计中华丽风格表达的是一种大气、夸张、醒目的视觉效果,所使用的材料色彩夺目华丽、细节精美细腻,这种风格的再造面料适合做婚纱礼服、舞台服装以及高档的成衣及定制服装。如图 2-25(丁亚男)先将橙色面料熨烫定型,然后把黑色面料穿插在底料上做装饰;如图 2-26(丁亚男)强烈的橙、黑色呈现一种对比效果,简单、大气;如图 2-27(丁亚男)底布画上蓝色、绿色叶子造型;如图 2-28(丁亚男)将做好的半立体花和叶黏贴到白色底布,体现一种华丽、丰满的富贵美态;如图 2-29(孔希)鲜艳的颜色组合表现面料的华丽感;如图 2-30(孔希)大量的宝石、珠片等细节表现华丽、闪耀的风格。如图 2-31(孔希)将亮片黏贴在底布;如图 2-32(孔希)将太空棉染色后黏贴在底布。

图 2-25

图 2-26

图 2 - 27

图 2 - 28

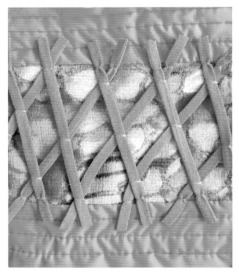

图 2 - 29

图 2 - 30

图 2 - 31

图 2 - 32

五、前卫风格

前卫是领先于当时的意思。通常所说的前卫性、前卫金属感、前卫摇滚、前卫艺术就是指先于大众的一种引领潮流的能力与风格。面料再造设计的前卫风格多采用夸张的色彩、小众的面料、夸张的装饰细节以及比较流行的创作手法为主，以真皮、仿皮或者牛仔类朋克前卫面料为载体，并配以夸张的铆钉、皮绳、亮片、十字架、金属元素，表达一种反传统、走在时尚前沿的另类时尚风格。如图 2－33（汪思洋）将皮油面料剪裁后用打孔器打孔，拼接后在皮油面做朋克风格的装饰细节；如图 2－34（汪思洋）经典的黑色与金色的碰撞，产生强烈的视觉对比感，前卫、刺激；如图 2－35 大量色彩绚丽的金属亮片与铆钉将一种年轻奔放的前卫风格表现无疑；如图 2－36 各种彩色的毛毡用金色及黑色分割线穿插，表达一种抽象的现代风格。

图 2－33

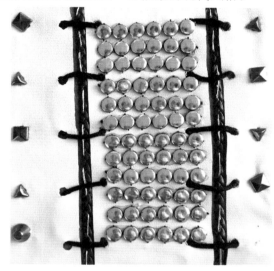

图 2－34

图 2－35

图 2－36

第三节　未来风格

　　未来风格就是以未来元素和太空题材为主,以叛逆大胆的超前设计表达科技、速度、太空等流行元素,色彩一般以简单空灵的银色、白色、金属色为主,材料以塑料涂层、高科技闪光、漆皮、金属为主要原始材料,甚至以非服用材料为主进行二次设计。未来风格包括太空风格、金属风格以及装置风格。

　　如图2-37(作者侯蕴珂)选择具有太空效果的银色金属光泽面料,在两层面料之间填充太空棉,然后绗缝;如图2-38(作者郝聪慧)在金色化纤面料是用烟头做破坏式烧洞,之后在金色面料上面覆盖一层黑色丝网,使之呈现一种深邃、神秘的未来感;如图2-39(作者吴杰)将金属质感的银色面料和尖锐的铆钉组合在一起营造出前卫的设计效果;如图2-40(曲金铭)灰暗的怀旧色和银色哑光亮片的拼接无疑是大胆且超前的设计理念。

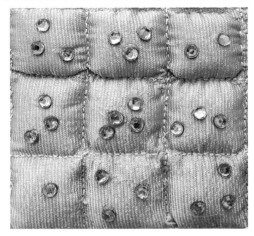

图2-37

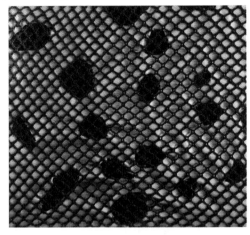

图2-38

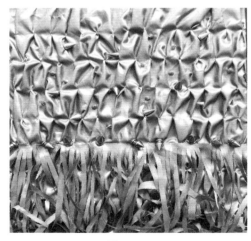

图2-39

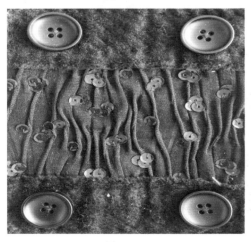

图2-40

如图 2-41(侯蕴珂)先将面料裁成正方形;如图 2-42(侯蕴珂)对折后将两角进行二次折叠;如图 2-43(侯蕴珂)折叠后成方形;如图 2-44(侯蕴珂)将每一个折叠好的正方形按顺序排列后钉缝固定,呈现一种装置艺术美感。

图 2-41

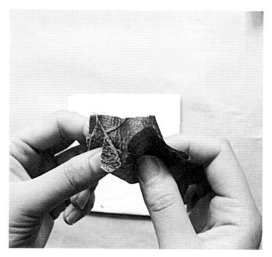

图 2-42

图 2-43

图 2-44

课后习题

1. 简述服装面料再造设计的风格特征。
2. 简述服装面料再造设计风格的形成方式与手段。

第三章 ▶▶ 服装面料再造设计灵感来源

FUZHUANGMIANLIAOZAIZAOSHEJILINGGANLAIYUAN

学习目标 了解和学习如何寻找设计灵感与创意思维。

重点及难点 设计灵感与创意思维的结合创新设计。

　　灵感是指一种无意识间忽然具有的某种念头,这种念头一定是让人兴奋或者激进的,当我们在进行设计创造的时候,这种所谓的灵感是爆发式的、即兴的。可以说,设计源于灵感,灵感源于借鉴。其实灵感无处不在,只是看我们如何将身边的"灵感"进行提炼和分析,创造出新的设计语言。一个好的灵感信息可以使人瞬息间迸发出很多奇思妙想或者与众不同的设计思路,但是有了灵感之后不一定就会有好的设计出现,因为灵感是需要提炼与分析的。当你有了灵感之后应该将灵感继续放大、夸张、做全方位思索考虑才能将灵感发挥得淋漓尽致。

　　设计灵感不一定是我们在观看或者研究和设计相关的知识才会出现,只要我们注意观察和分析,身边的任何事物和经历都可以作为设计灵感。比如,当你步入一家风格独特、装潢精美的酒店,马上会被酒店华丽的装修、色彩以及典雅的配饰所吸引,这些装饰细节完全可以帮助你激起创作灵感(如图3-1)。以酒店的色彩和远观画面为灵感来源,将具象的酒店图像处理得抽象化,无须具体地表达酒店的画面感,而是使用抽象的手法表现酒店内部整体的秩序感和色彩感,作者使用色彩艳丽的无纺布面料以剪切、折叠、拼贴的手法表达一种强烈的韵律美感,将酒店大堂绚丽、恢宏的色彩(黄、绿色调)展现得淋漓尽致。

图 3-1

如图 3-2(作者綦文婷)先将无纺布圆片对折;如图 3-3(作者綦文婷)对折后再对折一次,产生半立体的效果;如图 3-4(作者綦文婷)将所有贴片按照渐变色做排列,这种装饰性很强的褶饰及折叠贴片面料肌理适用于婚纱、晚装、舞台装等;如图 3-5(作者綦文婷)将面料剪裁成圆片,在圆片上剪一个剪口,在剪口处折一下使圆片变成凹状半立体贴片,然后按照顺序排列即可,适用于创意装的局部或者整体装饰。

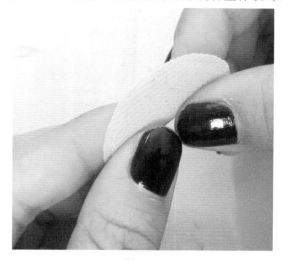

图 3-2

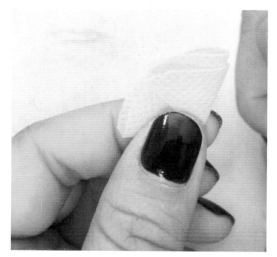

图 3-3

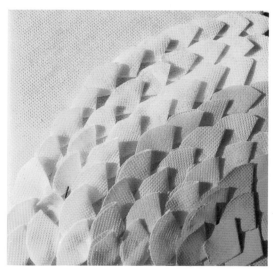

图 3-4

图 3-5

如图 3-6 餐厅以高雅、安静的冷色调为主,通过屏风、隔断、餐桌等细节将整个空间进行虚化分割,作者借用酒店的这些细节作为面料再造设计的灵感来源对面料进行二次设计,在面料上通过折叠、穿插、黏贴、拼接、渐变等手法将整个酒店的色彩以及空间感表达得淋漓尽致(图 3-7 作者王瑗瑗、图 3-8 作者綦文婷)。

图 3 - 6

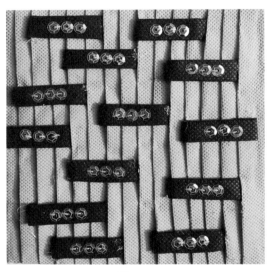

图 3 - 7

图 3 - 8

　　但实际上,多数时候看似突如其来的灵感并非偶然孤立的联想,它和我们平时的生活积累以及学习经历是密不可分的。比如要做历史或民族题材的相关设计,没有平时对文化的沉淀与积累,只依靠灵感爆发是不太可能的,这就需要对相关文化进行详细的分析研究之后,才能出现灵感的闪现。如图 3 - 9(作者李聪聪)、图 3 - 10(作者迟晓兰)作者使用色彩艳丽、肌理粗糙的不织布为主要面料,以拼贴和钉缝的方式表达出少数民族所特有的色彩与纹样。

图 3 - 9 图 3 - 10

 第一节　图片联想

设计师可以搜集一些自己感兴趣的图片,一般以地理风貌、海洋生物、微观细胞图片、装饰纹样、建筑风格居多,可以将图片中的色彩、肌理通过自己的提炼与分析,找到最合适的造型和工艺手法进行设计创作,面料方面可以通过多种不同肌理和色彩的材料拼接表达画面所呈现的效果。整个作品要做到源于图片、高于图片,要将图片中的精华部分进行提炼,每张图片至少要做两幅原创作品(图 3 - 11、图 3 - 14 为原图)。

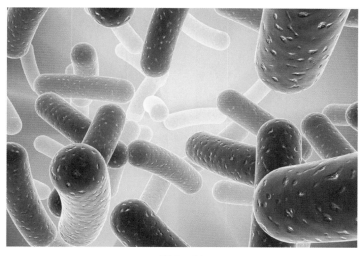

图 3 - 11

图 3-11 是一张细胞图,绿色和黄色为主色调;图 3-12(綦文婷)以写实的手法表达图片内容,原图有凹凸质感的肌理,所以在选择材料的时候以具有表面粗糙肌理感的面料为主,通过外肌理表现图片的细胞质感;图 3-13(侯蕴珂)是忽略原图的色彩和造型,将图中的"点"元素用夸张和变异的手法表现出来,将两片颜色不同的毛毡布拼接在一起,钉缝黑色线迹将原图的"点"元素表现出来,增加面料的肌理和层次。

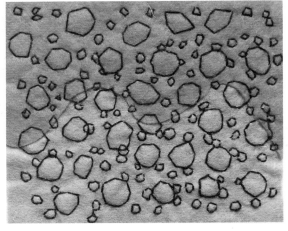

图 3-12   图 3-13

图 3-14 是一张细胞的放大图片;图 3-15(作者綦文婷)主要材料是毛毡、毛线、丙烯颜料,作者使用图片联想的方法将图片中的点与线用具体的材质表现出来,借用毛毡粗糙的质地表现厚重的肌理感,以毛线自然弯曲的质感表现细胞的线状结构,色彩逼真,肌理丰富。

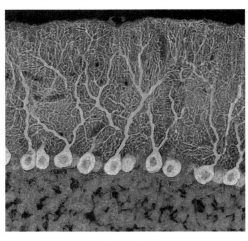
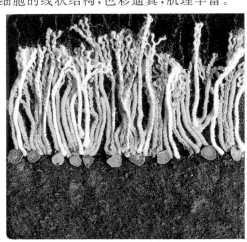

图 3-14   图 3-15

图 3-16 是一张景观原图。图 3-17(作者于冬雪)主要材料为太空棉、米珠、丙烯、亮片、黑色面料,作者以写实表现方法为主,将原图色彩的阴暗面用不同的色彩的面料表现出来,此款设计适用于高级定制服装、舞台装等夸张服装面料再造设计;图 3-18(作者于冬雪)主要材料为黑色和橘色面料、彩色米珠、亮片。

图 3 - 16

图 3 - 17

图 3 - 18

图 3 - 19 景观图片原图;图 3 - 20(作者于冬雪)先将布裁成条状,然后扭曲备用;图 3 - 21
(作者于冬雪)将所有扭曲好的布条按照原图的肌理排列在一起,添加米珠即可,此款面料再造
设计适用于高级定制服装以及舞台服装的裙摆处肌理;图 3 - 22(作者于冬雪)将涂红色燃料
的干枝排列在一起即可。

图 3 - 19

图 3 - 20

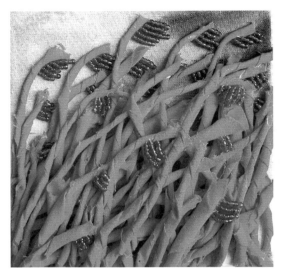

图 3 - 21

图 3 - 22

　　图 3-23 景观原图；图 3-24(作者綦文婷)准备丙烯或者水粉染料、大量白色卫生纸待用，将卫生纸浸泡在已经调好的染料中(染料水分要充足，一定要把卫生纸充分染色和浸泡才有利于卫生纸塑形)，在卫生纸没有干透之前塑造所需的造型，然后放到干燥处晾干后黏贴到背景布上即可，此款面料再造面料应用于特型服装以及创意装；图 3-25(作者綦文婷)以手绘和面料推褶的方式造型。

图 3 - 23

图 3 - 24   图 3 - 25

 第二节　自然风光

　　我们所处的自然界中风光美不胜收,这些美景都可以作为我们面料再造的素材和灵感来源,比如深邃的海洋深处、美丽的岩石层、动植物的外观以及仰望星空所看到的无限美景等等,都可以为我们提供丰富的创作素材,这些素材可以更好地满足设计师的需求。如图 3 - 26 原图是一张水草和鱼群的流动图片;如图 3 - 27(作者辛雨薇)以抽象的方法将海底画面概括为简单的点和线元素,主要材料是毛线和亮片,流苏式的毛线和亮片分别表达水草的浮动感和海底波光粼粼的闪烁感。

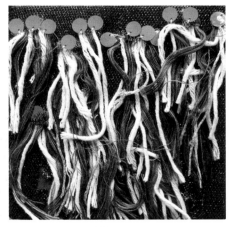

图 3 - 26   图 3 - 27

　　如图 3 - 28 波光粼粼的湖水表面;如图 3 - 29(作者侯蕴珂)以夸张和概括的手法将湖面碧波荡漾的流动感和闪烁感表达得淋漓尽致,以钉缝为主,用亮片、管珠、米珠等元素表现水的流动感。

图 3 - 28

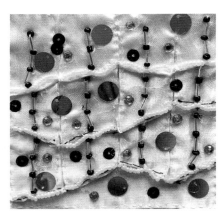

图 3 - 29

如图 3 - 30(作者于冬雪)将红色反光面料堆折,形成水面的波纹效果,然后再褶裥处钉缝金色管珠;如图 3 - 31(作者于冬雪)将紫色平绒面料堆折后钉缝金色管珠即可。

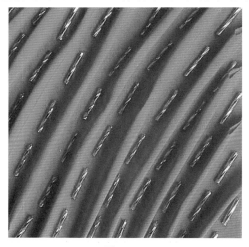

图 3 - 30

图 3 - 31

如图 3 - 32 海底景观原图;如图 3 - 33、图 3 - 34(作者于冬雪)分别用两种方法表现海底的神秘色彩和丰富的肌理感与造型感,以填充、编结、钉缝和钩织等多种手法详细地表现了海底中鱼与自然生物的美艳造型。

图 3 - 32

图 3-33   图 3-34

如图 3-35(作者黄海潮)灵感来源于星空密布的夜晚,用密集的点由中心向外做放射状排列,表现出遥远星空的空间感、闪烁感;如图 3-36(作者郭思雯)模仿岩石自然龟裂的层次效果,先将不织布剪裁成所需形状后黏贴,然后在灰色空隙处做细砂粒装饰。如图 3-37(作者綦文婷)灵感源于高倍望远镜下的海岩景观,用毛线表现出岩石的层次感与错落的色彩感,将线在灰色毛毡布自下而上出针再自上而下密集而连续进针,最后将表面的毛线剪成毛茬。

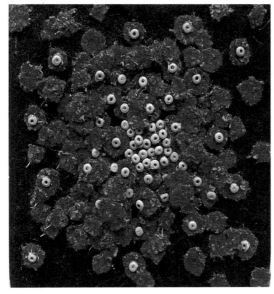

图 3-35   图 3-36

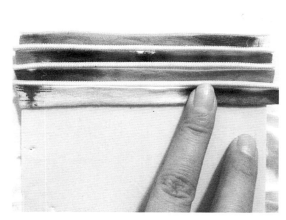

图 3－37

如图 3－38（作者于冬雪）灵感源于岩石层的丰富肌理变化，先将白色面料做不均匀染色，晾干后将面料裁成条状与拉链缝合在一起；如图 3－39（作者于冬雪）模仿岩石丰富的层次肌理设计完成。

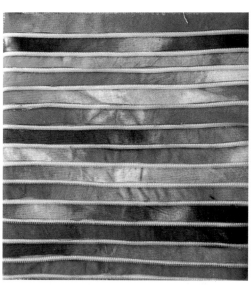

图 3－38　　　　　　　　　　　　　　　　　　　图 3－39

第三节　材料特质

有些材料本身就具有一定的特殊性和独特的肌理感，这些独特肌理可以为设计者提供很多崭新的设计方向，利用材料本身所具有的特殊色彩或者肌理为主要灵感切入点，并将它的特殊性进行合理利用以及适度的夸张。如图 3－40（作者于冬雪）准备拉链数根，将拉链与黑色面料缝合在一起,然后按照花朵的造型缠绕、扭曲,最终定型即可;如图 3 - 41(作者于冬雪)将拉链剪裁一定长度后用丙烯染成黄色,拉链抽缝后盘绕成花的造型后固定缝合。

图 3 - 40　　　　　　　　　　　　　　　　　　　　图 3 - 41

　　如图 3 - 42(作者黄海潮)将别针按照主次色别在面料上即可,排列时注意图案的位置与秩序;如图 3 - 43(作者綦文婷)把金属色的拉链剪裁成长短不一的拉链条,随意卷成层数不同的圆圈后固定在底料上,固定时候注意圈与圈的位置与层次。

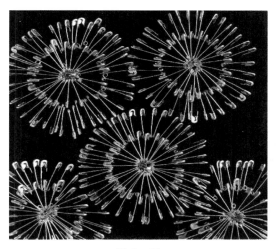

图 3 - 42　　　　　　　　　　　　　　　　　　　　图 3 - 43

第四节　传统文化

　　我们可以从东西方历史、文化、传统的民间艺术中得到借鉴。每个国家和民族都有属于自己的独特文化,比如中国的陶瓷、青铜、石刻、玉器,木雕、染织、剪纸等都有着很高的艺术造诣,

我们可以尝试着用现代的思维方式重新组织、吸取精华文化,运用设计语言演绎和丰富设计储备。

　　如图3-44(作者丁亚男)灵感来源于中国的剪纸艺术,在平绒面料背面画上格纹,然后按照设计需要用剪刀做镂空式剪切;如图3-45(作者丁亚男)在正面空隙处钉缝上白色珍珠或者其他装饰物;如图3-46青铜器表面锈迹斑斑,肌理凹凸不平;如图3-47(作者刘盛平)灵感来源于中国古代青铜器色彩,青铜器氧化后会有深浅不一的色斑,而作者将这种色斑用深浅两种颜色的面料表现,既含蓄又明了;如图3-48(作者刘盛平)灵感源于青铜器表面的纹样,同时又将现代的设计风格与图案细节融为一体。

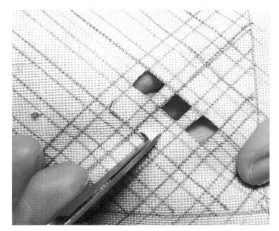

图3-44

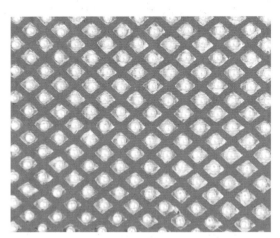

图3-45

图3-46

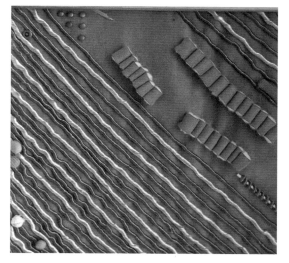

图 3 - 47

图 3 - 48

如图 3 - 49 各种不同造型、颜色的陶罐；如图 3 - 50（作者綦文婷）灵感来源于陶罐，借用陶罐圆润、饱满的造型以及表面丰富的点、线、面纹饰细节作为面料再造设计的主体图案；如图 3 - 51（作者綦文婷）借用陶罐古朴怀旧的色彩和曲折迂回纹理表达出作者对面料再造艺术特有的审美品位；如图 3 - 52 青花瓷色彩美丽、造型独特；如图 3 - 53（作者于冬雪）灵感来源于中国传统的青花瓷造型，大面积的白色拼接清澈的蓝色，辅以黑色点缀线，寓意深刻而造型简单。

图 3 - 49

图 3 - 50

图 3 - 51

图 3 - 52

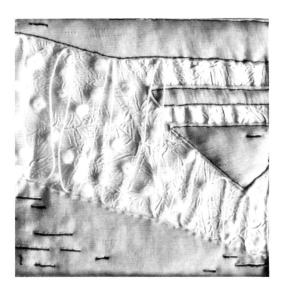

图 3 - 53

第五节　建筑风貌

　　建筑是表达一个国家或者地域风格的最好方式,同时也是城市与地区发展的最好体现。每当我们来到一个陌生的城市,带给我们第一感官印象的一定是这里的标志性建筑,例如:意大利的圣彼得大教堂、古罗马帝国国威象征的斗兽场、希腊的帕特农神庙遗迹等建筑等。中国传统建筑体系是以木结构为特色的独立的建筑艺术,传统建筑中各种屋顶造型、飞檐翼角、斗供彩画、朱柱金顶、内外装修门及园林景物等,都可以作为我们设计的灵感来源。

如图3-54传统屋顶渐层结构;如图3-55(作者刘盛平)以概括的方式表达作者对于古老建筑的一种怀念,灵感来源于建筑物旧址表面的陈旧性色彩与破败的肌理感;如图3-56(作者刘盛平)灵感来源于砖瓦排列的造型,同时改变建筑材料压抑的色彩,大胆使用蓝色为主色调,添加红色及浅蓝色装饰丰富作品层次;如图3-57(作者刘盛平)灵感来源于瓦片的排列结构与层次规律,将软性面料折叠后熨烫定型。

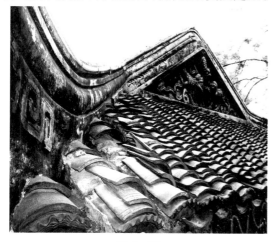

图3-54

图3-55

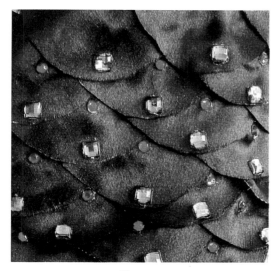

图3-56

图3-57

如图3-58庙宇苍穹传统纹样壁画;如图3-59(作者李聪聪)灵感来源于寺庙建筑壁画的色彩和纹样,色彩饱满浓郁、图案丰富而有美好寓意是中国寺庙的建筑特色;如图3-60、图3-61(作者李雪莉)灵感来源于中国古代建筑穹顶的纹样和结构,并在此基础上加以创新与装饰,充满现代感与风格感;如图3-62夜晚桥体建筑;如图3-63(作者侯蕴珂)灵感来源于夜晚灯光照射下横向桥体与纵向灯光在水面上形成交相辉映的层次感与视错感,深邃的蓝色与明亮的黄色形成鲜明对比,白色的花边作为装饰物提升整个画面的亮度与层次。

图 3 - 58

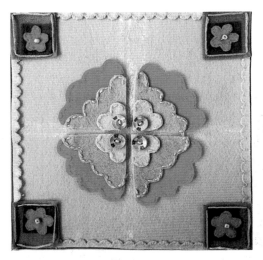

图 3 - 59

图 3 - 60

图 3 - 61

图 3 - 62

图 3 - 63

如图 3-64 清代风格窗棂纹样;如图 3-65(作者郝聪慧)灵感来源于古代建筑门窗上的木条(既窗棂)纹样,线与线的穿插具有丰富层次感,将黄色毛线条固定在底料后,然后用细笔蘸红色丙烯染色。

图 3-64

图 3-65

第六节　生活细节

　　细节是指无关紧要的小事。在文艺作品中是指描绘人物性格、事件发展、自然景物、社会环境等最小的组成单位。细节描写要求真实、生动,并服从主题思想的表达,生活细节亦是如此。每天人们都生活在简单、自然的尘世中,感受着日夜星辰的更替、春夏秋冬的变换、田间海边的自然风貌、广场街区的人工雕琢,相同的生活却有不同的感受,作为设计师,恰恰可以从这种简单的生活当中发现美丽,找寻灵感,并将这种灵感反应在设计当中,产生美妙的效果。比如,参观博物馆时,古代一只小小的朱钗;旧民居中已经锈迹斑斑的老式家具;广场地面的瓷砖纹样等等细节都是很好的设计灵感来源点。从民众生活的风俗习气中,细心观察身边的"小事物",也许就会大有收获。

　　如图 3-66 色彩艳丽、层次分明的灯具饰品;如图 3-67 灵感源于水晶吊灯的造型和色彩,借用灯具艳丽的玫红色以及灯饰片丰富的"面"的造型,将二者合二为一,形成新的视觉效果,先将不织布剪裁成半圆形,然后沿布片的边缘缝装饰线;如图 3-68(作者侯蕴珂)将半圆片(五个为一组)组成半立体造型后固定。

图 3-66

图 3-67

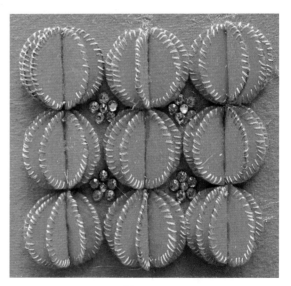

图 3-68

　　如图 3-69(作者汪思洋)以灯具的颜色为主色调,将灯具打开后产生的各色虚幻光感(黄色光、白色光、紫色光等)变为画面中真实的点、线、面元素排列在一起,形成一种全新视感的面料作品;如图 3-70 随处可见的瓷砖纹理和色彩;如图 3-71(作者黄海潮)将剪绒面料剪裁成小方块,按照原图的纹理拼接在一起用烟头做烧烫处理即可;如图 3-72(作者黄海潮)将不同皮色的皮料剪裁成菱形,留出一定的间隙后拼接。

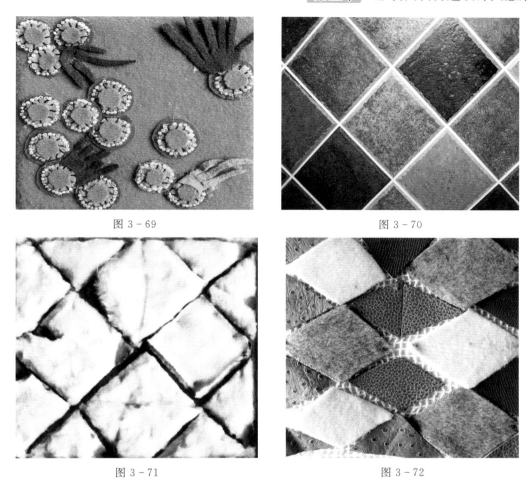

图 3－69

图 3－70

图 3－71

图 3－72

　　如图 3－73 踏青时随机看见的绿色植物；如图 3－74（作者丁亚男）灵感来源于绿色植物的肌理和造型，绿色、针叶、穿插、茂密等等这些对植物固有的印象都可以变为设计灵感用于设计中，把塑料管缠上深绿色毛线后按照树枝的造型（自上而下放射状）缝于底料上，然后将浅绿色毛线扭成麻花结穿插在树枝周围，最后将各种装饰物钉缝在树枝上；如图 3－75（作者于冬雪）用毛线在白色棉布上自下而上行针，按照事先在底料上画好的纹样刺绣后添加点缀性装饰。

图 3－73

图 3 - 74　　　　　　　　　　　　　　　　　　图 3 - 75

　　如图 3 - 76(作者郝聪慧)以蜘蛛与网作为主要设计元素与灵感切入点,通过抽象的编排手法表现出具象的网格肌理,产生朦胧与虚幻的视错感,多用于针织服装与秋冬装的面料设计;如图 3 - 77(作者郝聪慧)用具象的手法表现出蜘蛛与蜘蛛网的造型,以白色蕾丝为底料强调了蜘蛛的可爱感,通过大与小、多与少、层次与规律的对比表现出画面的和谐,多用于创意装与演员特型服装。

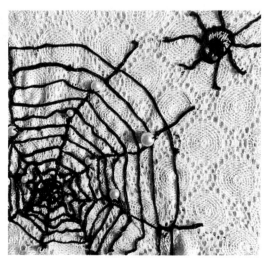

图 3 - 76　　　　　　　　　　　　　　　　　　图 3 - 77

课后习题

　　1.如何寻找服装面料再造设计的灵感来源切入点?

　　2.四人一组讨论关于如何将灵感来源转变为现实的设计作品。

第四章 ▶▶ 服装面料再造设计的表现形式与造型方法

FUZHUANGMIANLIAOZAIZAOSHEJIDEBIAOXIANXINGSHIYUZAOXINGFANGFA

学习目标　了解和掌握服装面料再造设计的特点与形式。

重点及难点　掌握不同面料的服装表现形式。

　　服装面料再造的任何表现形式都离不开点、线、面三大要素,这里的点、线、面可以是任何形式、任何材料的点线面,面料再造设计就是运用多种面料组合,把不同质感的材料组合在一起,通过创作资料的组合变化、虚实结合、刚柔并济、穿插有序等和谐状态,给人以一种强烈的视觉空间效果。

一、从平面到立体

　　对一些平面面料进行立体再创造,用折叠、编织、抽缝、褶皱、堆积、黏贴,钉缝等手段,形成凹凸对比的半立体或者立体造型。通过不同造型的组合,使平面材质产生浮雕感和立体感的肌理。如图4－1(作者侯蕴珂)将蓝色薄毡面料一边推褶一边用胶水固定,然后将每一层蓝色面料用小剪刀剪出切口,最后在面料间缝处黏上白色花边增加层次感和视觉效果;如图4－2(作者汪思洋)将面料剪成长方形后以穿插的方式拼接在一起,加装饰后固定。

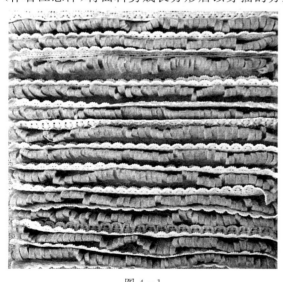

图4－1

图4－2

　　如图4－3(作者姜源)按照事先画好的纹样钉缝;如图4－4(作者付雪然)将毛线团成小球后组合在一起。

图 4 - 3　　　　　　　　　　　　　　　　　　图 4 - 4

二、从具象到抽象

平面的构成方式主要有两种:具象和抽象,服装面料再造的表现形式也是这两种形式,但是以抽象的表现形式为主,主要就是运用各种材料的点、线、面编排、交错、变形的手法演义出各种空间感和韵律美感。如图 4 - 5(作者丁亚男)将面料平铺在底板上找到中心点,围绕着这个点将面料朝着一个方向推褶,一边推褶一边用鱼线或者双面胶固定褶子,褶子的密集程度和松散度由面料和设计需要决定,褶子过于密集的话可以以相同的方法添加面料后继续推褶;如图 4 - 6(作者丁亚男)将毛线剪成段排成流苏条,然后按照顺序黏贴在一起。

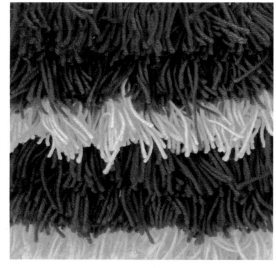

图 4 - 5　　　　　　　　　　　　　　　　　　图 4 - 6

如图 4 - 7(作者姜源)线的不规则排列,抽象而感性;如图 4 - 8(作者叶馨鸿)面的不规则排列具有强烈的视觉刺激感。

图4-7

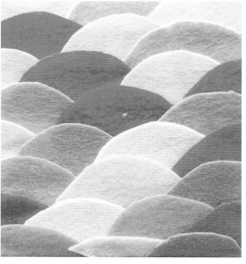

图4-8

三、从单一走向多元

在材料的选择上,从最初的单一材料变为现在多种材料的组合拼接,从简单材料变为高科技面料的使用。在符合审美原则的基础上,面料再造所使用的主要面料和辅料应该多元且具有现代感。

如图4-9(作者侯蕴珂)在蓝色毛毡边缘处缝装饰线,然后在圆的中心缝出不规则线迹并钉缝珠;如图4-10(作者侯蕴珂)将所有成品固定在底布上。

图4-9

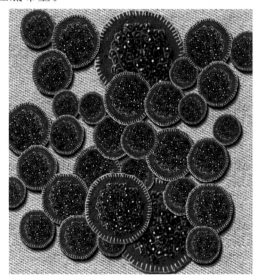

图4-10

如图4-11(作者曲金铭)先将底料推出细密的小褶子,推褶时候注意整个画面的主次关系以及骨格排列方式,然后按照褶子的纹路钉缝毛线圈、各色珠子;如图4-12(作者曲金铭)中所用材料为针织呢面料、拉链、亮片;如图4-13(作者付雪然)所用材料为麻绳、刺绣花贴片;如图4-14(作者付雪然)所用材料为不织布。

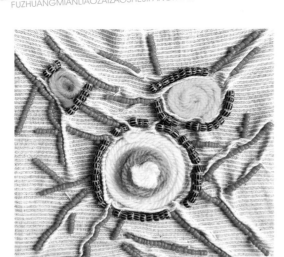

图 4 - 11

图 4 - 12

图 4 - 13

图 4 - 14

第一节　服装面料再造设计表现形式

　　面料再造设计中的"再造"是指多次创造,通过对原始面料二次、三次甚至多次再造设计,创造无穷的肌理效果。用最简单的点、线、面组合表达一种丰富而饱满的艺术形式,也是设计师喜欢表达设计理念的一种具有强烈韵律美感和空间感的造型表现形式。可以通过以下几种方法使面料变得生动有趣,富有设计感。

一、材料肌理变化——渐变

渐变是一种规律性很强的有趣现象,可以是形状的渐变、色彩的渐变、体积的渐变、位置的渐变、质感的渐变等等。比如将很多大小不一的点、线、面元素按照相应的顺序做渐变式排列,就会非常具有韵律美感;将不同的材质按照由软变硬、由暗变亮的顺序排列,也会产生一定的秩序美感。如图4-15(作者戚星)作品中所有材料的造型都按照由宽到窄的顺序进行排列;如图4-16(作者代静)作品中相同的半圆片全部按照自上而下的顺序呈放射状渐变;如图4-17(作者郭思雯)以纪梵希的LOGO为中心点,向四周做环绕式放射状渐变;如图4-18(作者迟晓兰)以立体花为中心点,由四周向中心点渐变,同时伴有色彩由深到浅的渐变。

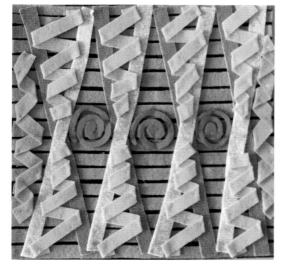

图4-15

图4-16

图4-17

图4-18

二、材料肌理变化——重复

重复就是同样的东西再次或者多次出现,面料再造设计中就是大量的点、线、面以重复的方式组合在一起,就会形成一种非常壮观的肌理效果,比如大量重复的褶裥、花朵、亮片同时出现在同一画面中;相同或者相似的纹样、造型同时出现在同一画面中等等。如图4-19将彩色的毛毡剪成星星造型(各种造型都可以),然后按照顺序排列后固定;如图4-20选取适量羊毛毡按照颜色排列后,用戳针戳成所需三角形然后缝黑色装饰线;如图4-21(作者李雪莉)将毛毡剪成所需造型,以重复的方式固定;如图4-22(作者谢美杰)在黄绿色泡棉纸上剪裁出镂空的鱼形,沿着鱼的形状钉缝彩色珠子,然后用玫红色泡棉纸垫在黄绿色纸下面。

图4-19

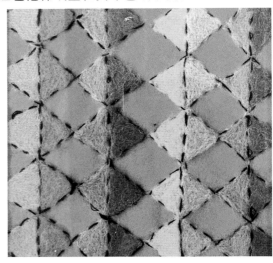

图4-20

图4-21

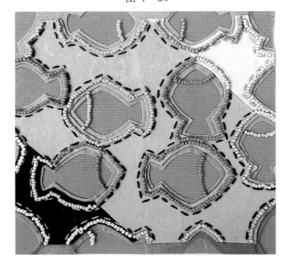

图4-22

三、材料肌理变化——近似

找到一些材料之间近似的元素,然后将这些元素组合在一起,形成全新的视觉效果。相似的造型元素之间有着既雷同又各异的造型风格,将它们组合在一起的话会产生既和谐又具有趣味性的艺术视觉感。如图4-23至图4-26全部用彩色毛毡拼接而成,以相同或者相似的造型元素组合在一起形成新的面料肌理图形。如图4-23(作者张宁)、图4-24(作者吴婧雯)以黏贴和钉缝工艺为主,将近似的面料元素钉缝和黏贴;如图4-25、图4-26(作者李雪莉)以钉缝、黏贴和拼接工艺为主。

图4-23

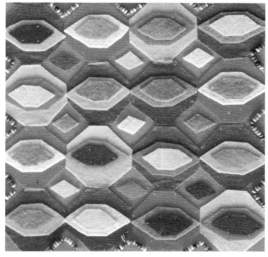

图4-25

图4-24

图4-26

四、材料肌理变化——特异

特异效果是很多设计师都喜欢使用的一种审美手段,就是在大众的视线当中寻求一点小众的目光,或者在黑白的色彩中,出现一抹红色,都可以为画面增添一份特异形式的美感。将特异运用到服装面料设计中非常合适,在一成不变的面料上突然出现某种特殊的肌理效果,往往这种特殊就会成为一个设计亮点。如图4-27(作者姜宁)将所需造型剪好后钉缝在底布

上，温暖的米色调底布上钉缝红绿相间的对比色，非常醒目、抢眼；如图4－28（作者姜宁）将蝴蝶的造型拼接在一起后钉缝固定，编织效果的底布上钉缝蝴蝶的造型。

图4－27　　　　　　　　　　　　　　　图4－28

五、材料肌理变化——分割

（一）等形分割

如图4－29（作者封莎）以点、线、面为主要造型元素，通过线的平均分割达到等形分割效果，产生和谐、稳定、大气而饱满的视觉效果；如图4－30（作者左珊珊）以线为主要造型元素，通过各种线迹达到分割效果，中心位置的粉色线迹以刺绣为主，外围的粉色短线以黏贴工艺为主；如图4－31（作者樊燏丹）以点为主要造型元素，通过点的分割排列达到等形分割效果，画面稳定，秩序性强；如图4－32（作者丁敏惠）以面为主要造型元素，面与面的拼接形成全新的等形视觉效果。

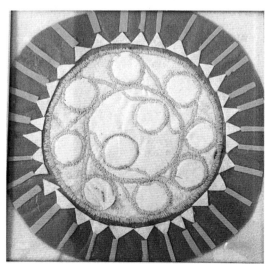

图4－29　　　　　　　　　　　　　　　图4－30

图 4 – 31

图 4 – 32

（二）自由分割

如图 4 – 33（作者谢美杰）以不规则的面元素为主，实现自由式的画面分割效果；如图 4 – 34（作者张煜茜）以不规则的面元素拼接作为自由分割的手段。

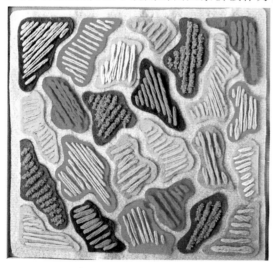

图 4 – 33

图 4 – 34

第二节 服装面料再造设计造型手段

肌理是指物体表面的纹理结构，即各种纵横交错、高低不平、粗糙平滑的纹理变化，表达人对设计物表面纹理特征的感受。不同的面料设计作品表面之所以会呈现不同的肌理效果，和设计师所选择的造型方法是分不开的，所有的面料和辅料必须经过艺术家的调配混合，并融入

其思想,才能创作出与众不同的面料肌理。服装设计师依照自己的"灵感来源"而对面料进行打褶、纫缝、破洞、洗水、编织等改造,使之产生了新的表面触觉肌理和视觉肌理,或使之破旧而产生四维空间感。在服装设计中,肌理与质感含义相近,它一方面是作为材料的表现形式而被人们所感受,另一方面则体现在通过先进的工艺手法,创造新的肌理形态,不同的材质,不同的工艺手法可以产生各种不同的肌理效果,并能创造出丰富的外在造型形式。肌理可以增强服装的装饰感和立体感,比如在一件服装的局部或者全部面料上添加钉缝,就可以增强造型的立体感和层次感。在服装面料设计表达中,制造丰富而美观的肌理感是最常用的手法之一,比如刺绣钉缝后的线迹;手绘或者喷绘的画面质感、面料堆褶或者折叠后的立体感等,都是肌理感的完美呈现。

一、刺绣

　　如图4-35(作者叶馨鸿)按画好的纹样(叶子)自下而上出针,然后自上而下进针;如图4-36、图4-37(作者叶馨鸿)按纹样行针;如图4-38(作者叶馨鸿)完成图。

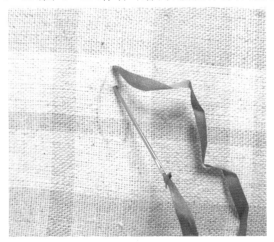

图4-35

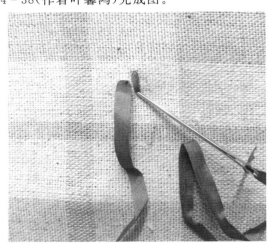

图4-36

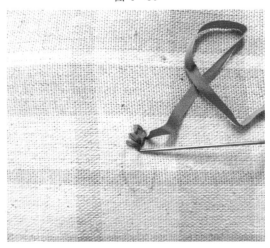

图4-37

图4-38

如图4-39(作者付雪然)在底布上画出纹样或图形,按照纹样进行绗缝刺绣,自下而上进针,从左往右行针,刺绣完毕后钉缝装饰;如图4-40(作者于冬雪)先将所需纹样绘于底料,然后按照纹样分色刺绣;如图4-41(作者辛雨薇)方法同上。

图4-39

图4-40

图4-41

二、涂层

如图4-42(作者于冬雪)准备一块纹路粗糙、有质感的底料,然后用牙刷或者画笔涂上厚厚的丙烯随意涂刷,可以尝试用不同的笔、刷子、牙刷、海绵等工具做涂层效果;如图4-43(作者于冬雪)晾干后效果。

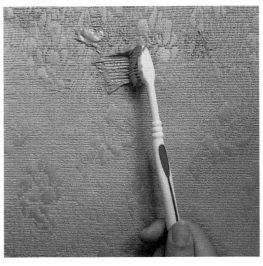

图 4 - 42

图 4 - 43

三、黏贴

如图 4 - 44(作者王瑷瑷)黄色无纺布折成花朵造型后固定在底料上,最后黏贴红色装饰珠;如图 4 - 45(作者辛雨薇)在蓝色底布上用白色毛线缝出抽象的花的造型,然后黏贴装饰亮片。

图 4 - 44

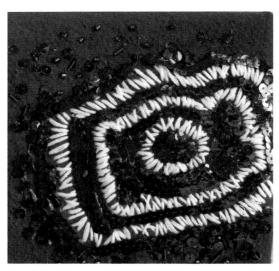

图 4 - 45

四、钉缝

如图 4 - 46(作者于冬雪)以海底造型为灵感来源,将红色米珠穿成条后以珊瑚的造型钉缝在底布上,然后将毛线小鱼和小球装饰在珊瑚上;如图 4 - 47(申影)以阳光下的绿色玻璃为灵感来源,阳光照射下的玻璃波光闪闪,以钉缝亮片和缎带的方式表现玻璃的各色层次;如图 4-48 将面料裁成长条后堆褶固定,然后把褶裥条钉缝于底布上;如图 4-49 将蕾丝花贴片钉缝于底布之上;如图 4-50(作者李琳琳)先将底布用手推褶(边推褶边固定),堆出树干和树枝细节,大树的雏形基本完成,然后按照树的尺寸制作红色和绿色的树叶,最后将所有树叶装饰钉缝在树枝和树干上,排列树叶的位置和数量时候注意虚实和疏密变化,不要过于呆板和茂密。

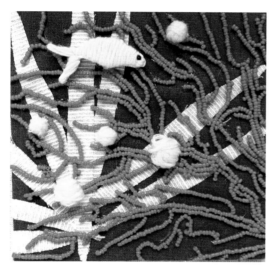

图 4-46

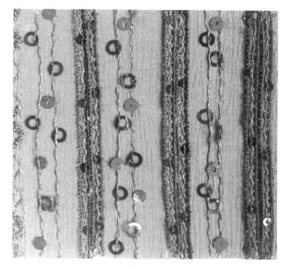

图 4-47

图 4-48

图 4-49

图 4 - 50

五、花饰

如图 4 - 51(作者于冬雪)将面料剪裁成圆形片,然后由外至内剪成螺旋状长条后缠绕成花形备用,图 4 - 52(作者于冬雪)为完成图,此款设计适用于礼服、婚纱等宴会服装或者夸张服装。

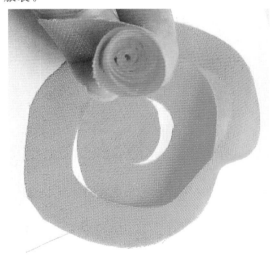

图 4 - 51

图 4 - 52

如图 4 - 53、图 4 - 54(作者于冬雪)将面料模仿玫瑰花朵的造型折叠固定;如图 4 - 55(作者于冬雪)按照上述方法做三朵或者多朵玫瑰花的造型为一组,此种面料设计适用于舞台装、礼服、定制服装等。

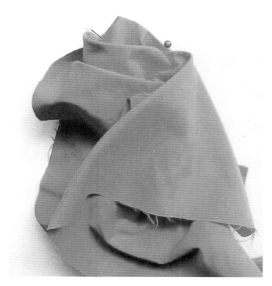

图 4 - 53　　　　　　　　　　　　　　　　　图 4 - 54

图 4 - 55

　　如图 4 - 56(作者于冬雪)把面料盘成花的造型后用大头针固定;如图 4 - 5(作者于冬雪)将做好的花朵放在底板中心位置,围绕花朵添加装饰性褶裥,加强面料设计作品的视觉效果,图 4 - 58(作者于冬雪)为完成图,此款适用于礼服、婚纱、裙摆等细节。

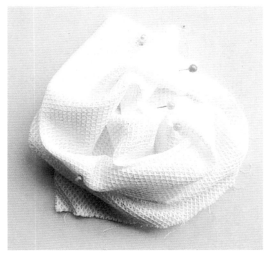

图 4 - 56   图 4 - 57

图 4 - 58

　　如图 4 - 59（作者侯蕴珂）将无纺布面料剪裁成长条后对折后用手针抽缝，抽缝后绕圈盘成花型或者任意造型（圆形、Z 型、扇形等）；如图 4 - 60（作者侯蕴珂）立体花饰图。

图 4 - 59

图 4 - 60

六、折叠

　　如图 4 - 61（作者侯蕴珂）将螺纹布折成风琴折，一边折一边用同色线将褶裥交错钉缝，图 4 - 62 为完成图；如图 4 - 63（作者于冬雪）将面料剪裁成大小不一的圆片后折叠，将所有折叠好的圆片钉缝与底布上；如图 4 - 64（作者于冬雪）无纺布剪成正方形，将四角对折后翻过来再对折一次，最后添加装饰。

图 4 - 61

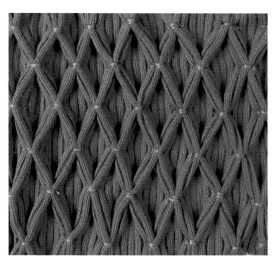

图 4 - 62

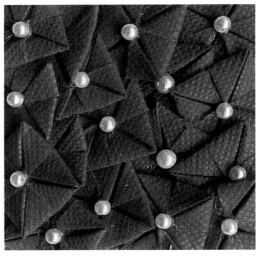

图 4 - 63　　　　　　　　　　　　　　　　　　图 4 - 64

七、手绘

　　如图 4 - 65（作者李馨唯）丙烯染料手绘（麻布）后黏贴亮片及闪粉；如图 4 - 66 水粉染料手绘（棉布）。

图 4 - 65

图 4 - 66

八、印染

　　如图 4 - 67（作者于冬雪）棉布染色（扎染专用染剂）后剪成圆片，然后将圆片抽纱备用；如图 4 - 68、图 4 - 69（作者于冬雪）将所有抽纱的圆片按照由大到小的顺序钉缝成花的造型组合在一起，添加装饰米珠；如图 4 - 70（作者李馨唯）将扎染好的棉布片钉缝在底布。

图 4 - 67

图 4 - 68

图 4 - 69

图 4 - 70

九、拼布

　　如图 4 - 71(作者于钦)在底布上描绘人物形象草稿,确定草稿中虚实面的色彩和所用材料,先将面部黏贴在底料上以便确定画面位置,然后按照面积由大到小进行拼接,最后刻画眼睛、头发、指甲等细节;如图 4 - 72 在底布描绘人物形象草稿,用线迹和珠子钉缝出人物轮廓,然后将红色毛毡黏贴在底部上,最后做装饰性钉缝。

图 4－71

图 4－72

十、填充

　　如图 4－73（作者温雨澄）将黑色 PU 皮剪成花的形状；如图 4－74 将灰色不织布剪成花的形状（灰色略大）；如图 4－75 将黑色花型缝在灰色不织布上，留出一个缝口填充太空棉；如图 4－76 填充完毕后将缝合口缝合，在灰色不织布边缘缝装饰线。

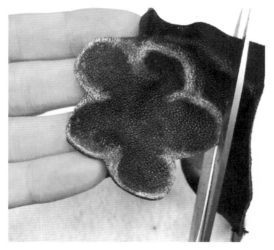

图 4－73

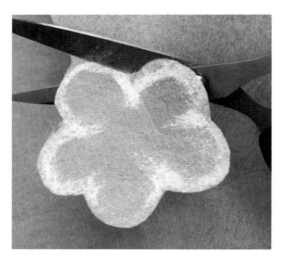

图 4－74

图 4 - 75

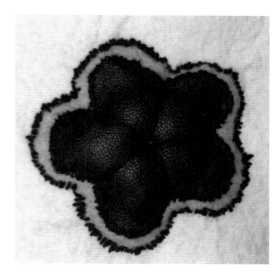

图 4 - 76

　　如图 4 - 77(作者于冬雪)将面料剪裁成半圆形后沿着四周缝缀在底布(在顶端留一个小缝隙),然后将太空棉填充在半圆形布片内部;如图 4 - 78(作者于冬雪)将长方形无纺布抽缝后备用;如图 4 - 79 将抽缝成扇形的无纺布两端缝合在成小口袋造型,然后在小口袋中填充太空棉后缝合变成圆球状;如图 4 - 80 最后将所有圆球体固定于底布,完成。

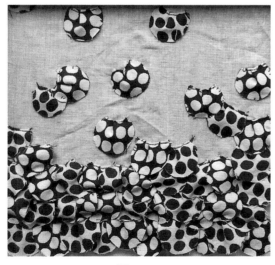

图 4 - 77

图 4 - 78

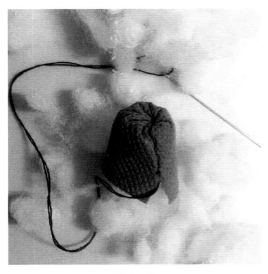

图 4 - 79

图 4 - 80

十一、拼接

　　如图 4 - 81(作者黄海潮)将螺纹面料剪成圆片后固定即可,通过面料之间的层次感产生丰富的视觉效果;如图 4 - 82(作者黄海潮)以黑、红色图案为中心点向外扩散,整幅作品层次感强,有渐变和递进视觉效果;如图 4 - 83(作者綦文婷)将圆形不织布缝合在方形不织布上备用(五组),然后将其拼接在花色底布上,最后添加各种装饰亮片,层次与颜色越多,产生的视觉效果越丰富;如图 4 - 84(作者綦文婷)灵感源于细胞图片,将面料剪成细胞的造型后缝合固定,大片与小片、绿色与红色的层次关系使整幅作品看起来层次分明、主次关系明确。

图 4 - 81

图 4 - 82

图 4 - 83

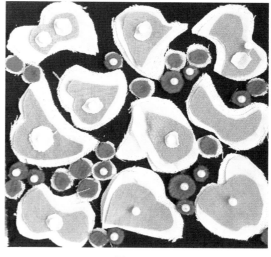

图 4 - 84

十二、压褶

　　如图4-85(作者丁亚男)将裸色雪纺对折后用大头钉固定,然后与银色面料连接,最后添加珍珠;如图4-86(作者侯蕴珂)将面料折叠后用熨斗熨烫定型,定型后固定于底布最下端;如图4-87、图4-88将第二、三、四块面料用相同的手法定型后覆盖于第一块面料上并固定;图4-89为最终效果图。

图 4 - 85

图 4 - 86

图 4 - 87

图 4 - 88

图 4 - 89

　　如图 4 - 90(作者申影)将面料随意堆褶后用气熨斗直接熨烫定性;如图 4 - 91(作者申影)将牛仔与雪纺面料拼接缝合在一起,添加蕾丝和珍珠后折叠。

图 4-90

图 4-91

十三、穿插

　　如图 4-92(作者于冬雪)将两条白色蕾丝花边固定在一条拉链的两侧;如图 4-93(作者于冬雪)将已装饰好蕾丝花边的拉链穿插在一起即可;如图 4-94(作者綦文婷)先将彩色毛线编织成辫子股数条备用,然后在底布上固定白色和黄色装饰线数根,最后将辫子股穿插于装饰线之间;如图 4-95(作者綦文婷)将蓝色与红色的缎带交叉后固定。

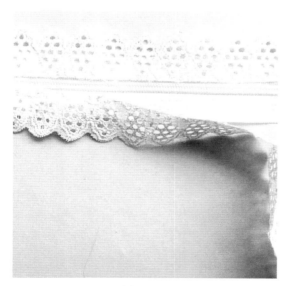

图 4-92

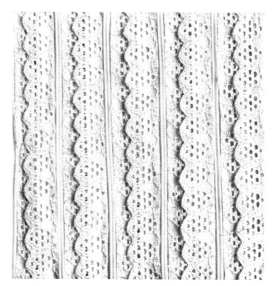

图 4-93

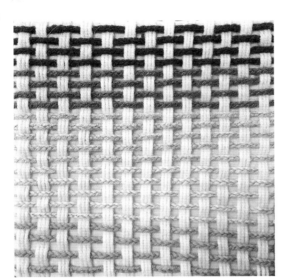

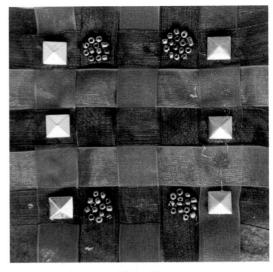

图 4 - 94 图 4 - 95

十四、剪切

　　如图 4 - 96(作者于冬雪)将平绒剪裁成珊瑚样式后黏贴在底布上,然后再添加红色半立体装饰;如图 4 - 97(作者丁亚男)将白纱剪裁成长条后卷折固定,最后钉缝黄色装饰线;如图 4 - 98(作者辛雨薇)在粉色毛毡布下面补缝粉色薄纱,然后添加各种装饰珠和装饰线迹;如图 4 - 99(作者丁亚男)先将面料剪裁成长条后对折,然后在面料上做数条剪口,最后将剪好切口的长条盘成花朵的造型备用,最后将所有的花朵染成蓝色、紫色、枚红色后固定在底布上即可,添加白色珍珠装饰完成画面效果。

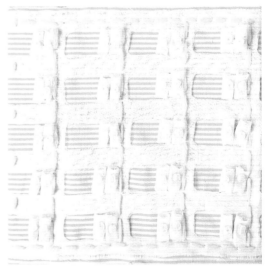

图 4 - 96 图 4 - 97

图 4 - 98

图 4 - 99

十五、抽丝

如图 4 - 100(作者郝聪慧)、图 4 - 101(作者于冬雪)利用面料经纬纱的松散性进行抽纱处理。

图 4 - 100

图 4 - 101

十六、镂空

如图 4 - 102(作者辛雨薇)在仿皮面料背面画上图案后剪切掉部分,然后将其附于异色底布;如图 4 - 103(作者申影)在面料的局部做减法式镂空处理,表现画面的层次感和空间虚实对比效果。

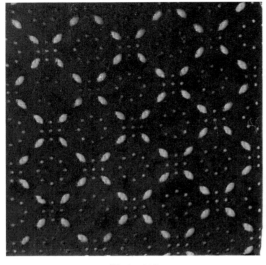

图 4 - 102

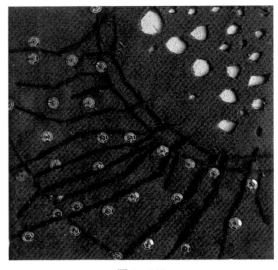

图 4 - 103

十七、卷曲

如图 4 - 104（作者黄海潮）将鹿皮绒剪成长条后对折剪切，剪切后卷曲在一起成花型后做造型；如图 4 - 105（作者綦文婷）将毛毡布剪成长条后扭曲固定即可，表现出线元素的流动感、空间感以及韵律美感；如图 4 - 106（作者于冬雪）利用面料的膨胀感，卷曲后盘成花型，然后添加红色装饰物做点缀；如图 4 - 107（作者于冬雪）将面料做螺旋式卷曲后再拉伸，最后添加装饰物。

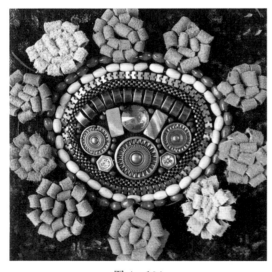

图 4 - 104

图 4 - 105

图 4－106

图 4－107

十八、堆积

如图 4－108（作者綦文婷）将毛毡布剪成椭圆片后对折固定，最后做放射状排列；如图 4－109（作者于冬雪）将针织面料抽丝后团成不规则圆形后备用，然后把所有圆形组合在一起，最后添加装饰物。

图 4－108

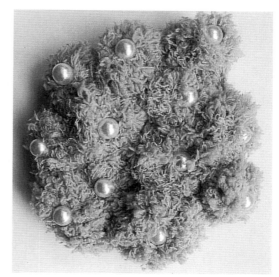

图 4－109

如图 4－110（作者于冬雪）将罗纹布缝合成筒形后翻折成双层，然后将双层面料对折一下缝合；如图 4－111（作者李馨唯）将罗纹布剪成长方形后对折缝合成筒形，将筒形一端缝合后翻过来填充太空棉或者其他填充物，然后将另一端缝合固定，按照上述方法做 20 个左右后按照如图造型固定在一起。

图 4-110

图 4-111

　　如图 4-112(作者汪思洋)将黄色雪纺面料(大量)自后向前做不规则式推褶,推褶的同时用大头针固定,然后用同色线(异色线也可以)在褶裥中间做穿插钉缝,起到固定和装饰作用。

图 4-112

课后习题

　　1.将所需材料准备好后,分组讨论关于材料的组合方法以及工艺手段。

　　2.将本章所学面料再造方法用相关材料实操后拍照片。

第五章 ▶▶服装面料再造主题创作与设计实训

FUZHUANGMIANLIAOZAIZAOZHUTICHUANGZUOYUSHEJISHIXUN

第一节　主题创作

学习目标　运用各种造型手段做实训式主题创作。

重点及难点　分析主题元素，完成创新设计。

主题一　火舞黄沙

一、寻找灵感

　　沙漠，被沙覆盖、干旱缺水，植物稀少的地区。沙漠地域大多是沙滩或沙丘，沙下岩石也经常出现。沙漠一般是风成地貌，所以经常会有很多漂亮的自然纹理。正是这种纹理为面料再造设计提供了很好的设计素材（如图 5-1 沙漠）。

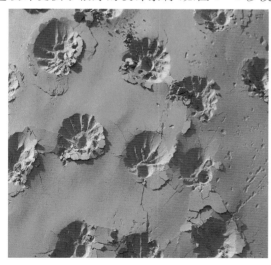

图 5-1(1)

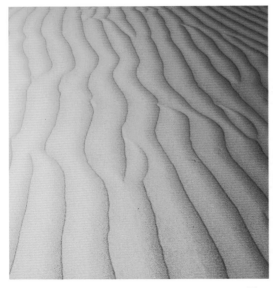

图 5-1(2)

二、提取主题元素

主题元素:暖色调、炙热、浓郁、风沙、纹理、厚重感、层次、渐变。

三、成品展示

如图 5-2 以大量的点和面表现出沙漠厚重的肌理感和沉重感,作者先将面料做填充后固定,然后在肌理表面用水粉或者丙烯染色;如图 5-3 用密集的线表现出大漠风沙的力量感,具有一定的韵律美感和造型感;如图 5-4 将毛线与麻绳拼接在一起,表现出风吹般的画面效果;如图 5-5 同色系的薄纱烧边后堆叠在一起,表现出风吹后沙漠表面的层次感与肌理感(以上作者均为綦文婷)。

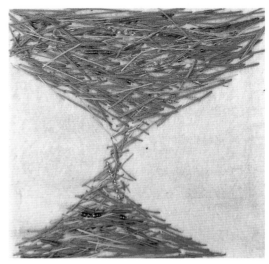

图 5-2   图 5-3

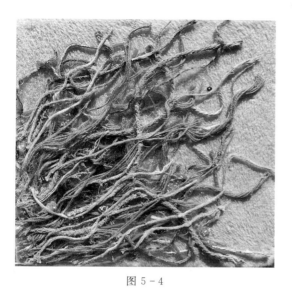

图 5 - 4

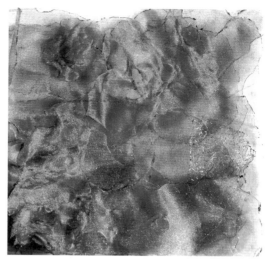

图 5 - 5

主题二　牛仔部落

一、灵感来源

以牛仔面料特有的自然纹理和质朴的蓝色为主要创作思路，将牛仔与平面印花图案结合，通过对牛仔平面肌理进一步的强调（由平面肌理变为半立体肌理），将牛仔原本粗犷不羁的风格变得华丽、生动，具有女性特征（如图 5 - 6 各种牛仔及纹样）。

图 5 - 6(1)

图 5-6(2)

二、提取主题元素

主题元素:粗犷、深邃、朦胧、肌理、花纹、男性化、硬朗、不羁。

三、成品展示

如图 5-7 将仿牛仔面料推出自然褶痕后固定成花形,然后在花的表面钉缝同色或者异色珠子分割线,强调花形的同时增加了面料的装饰性;如图 5-8 将牛仔与异色(浅蓝色)面料编成布辫后盘成大小不一的圆形,固定后添加铆钉装饰,强调了牛仔面料的粗犷与时尚感;如图 5-9 将牛仔面料与薄纱、亮片、米珠组合在一起呈现一种全新的、具有女性特征的牛仔感觉;如图 5-10 将深浅不同的几块水洗面料缝合在一起做底布,然后在底布上做各种规律性的线迹与钉缝,强调了牛仔的装饰性与视觉感(以上作者均为綦文婷)。

图 5-7   图 5-8

图 5 - 9

图 5 - 10

主题三　烟花

一、灵感来源

　　烟花,原指雾霭中的花。南朝梁沈约《伤春》诗:"年芳被禁籞,烟花绕层曲。"现在的烟花就是一种烟火表演,美丽、炫目、鲜艳、惊艳、瞬间绽放是烟花所拥有的独特气质。纷繁的夜幕下看着华丽丽的火花,使人产生强烈的追随感,正是这种感觉促使设计师从中寻找新的设计灵感(图 5 - 11 烟火的形状及色彩)。

图 5 - 11(1)

图 5-11(2)

二、提取主题元素

主题元素:华丽、鲜艳、绽放、饱满、装饰性强、生命力、渲染、明亮。

三、成品展示

如图 5-12 灵感源于烟火闪耀于星空的瞬间亮白感,明亮而炫目,作者以白色圆柱形线的盘绕为主要设计手法;如图 5-13 灵感源于烟火释放后鲜艳、饱满的色彩感和如花开般的造型,作者以抽象与概括的方法表现出烟火的美丽;如图 5-14 作者以相对写实的手法将烟花以"花"的形状表现出来,切割、钉缝、贴补为主要造型手法;如图 5-15 手针自下而上穿过底布,行针后不要抽紧以便做出花瓣的效果,以深色缎带为主要材料表现出墨色夜空下烟花朦胧、渲染澎湃的视觉效果(以上作者均为綦文婷)。

图 5-12

图 5-13

图 5 – 14

图 5 – 15

主题四 欧普风潮

一、灵感来源

欧普艺术(Op Art)是西方 20 世纪兴起的艺术思潮;欧普艺术风格源于 20 世纪 60 年代的欧美。"OP"是"Optical"的缩写形式,意思是视觉上的光学,即视觉效应。正式使用这一名称是在 1965 年,那时纽约现代美术馆举办眼睛的反应画展,展览会上陈列出大量经过精心设计,按一定规律排列而成的波纹或几何形画面,造成视知觉的运动感和闪烁感,使视神经在与画面图形的接触中产生眩晕的光效应现象和视觉的幻觉,达到视觉上的亢奋(如图 5 – 16 欧普图案美丽的色彩及纹样)。

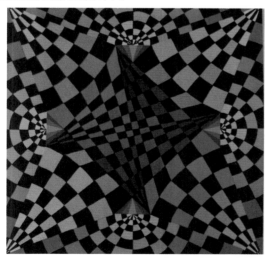

图 5 – 16(1)

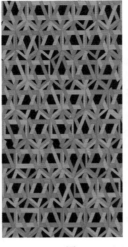

图 5 - 16(2)

二、提取主题元素

主题元素：炫目、丰富、饱满、规律性、视错感、单纯的点线面、色彩艳丽、重复。

三、成品展示

如图 5 - 17 将灰色、红色、绿色、紫色等不织布条卷成圆形后黏贴在底布上；如图 5 - 18 以重复的点、线、面表现出欧普艺术的规律性与画面感；如图 5 - 19 按照秩序将灰色、蓝色、粉色的卷筒固定在底料上；如图 5 - 20 将灰色毛毡布推褶后在其周围添加白色和黄色装饰条（以上作者均为王瑷瑷）。

图 5 - 17　　　　　　　　　　　　　　　　　图 5 - 18

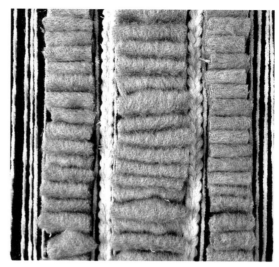

图 5-19　　　　　　　　　　　　　　　　　　　　图 5-20

主题五　雪花

一、灵感来源

　　雪花又名未央花,雪花儿。空中飘下的雪,形状像一种美丽的结晶体,它在飘落过程中成团攀联在一起,就形成雪片。无论雪花怎样轻小,怎样奇妙万千,它的结晶体都是有规律的六角形,所以古人有"草木之花多五出,度雪花六出"的说法。雪花具有女性特征,多指美丽的东西或者安静简单的、柔弱的女子(如图 5-21 雪花)。

图 5-21(1)

图 5 - 21(2)

二、提取主题元素

主题元素：淡雅、如花、柔弱、可爱、清新、美丽、女性化、多层次、缤纷多姿。

三、成品展示

如图 5 - 22 先将布片剪裁成圆形（方圆性、椭圆形都可以）；如图 5 - 23 圆形布片对折后随意卷出花瓣的形状，然后将 4～5 片花瓣为一组缝合为一朵雪花的造型；如图 5 - 24、图 5 - 25 最后将做好的花朵全部钉缝在底料上，造型后即可（作者郝聪慧）。

图 5 - 22   图 5 - 23

图 5 - 24

图 5 - 25

如图 5 - 26 将毛线裁开后整齐排列备用；如图 5 - 27 在毛线中间位置系扎，系扎后把毛线球抓散使其造型更加饱满；如图 5 - 28 做出大小不一的毛线球后固定在铺有毛线茬的底料上，整个画面和谐而温暖，用秋冬的针织材料表现雪花温暖、可爱的女性特征（作者郝聪慧）。

图 5 - 26

图 5 - 27

图 5 - 28

　　如图 5 - 29 以雪花的造型为灵感来源抽象地概括出雪花的造型，先将白色面料扭曲成条后缠绕成花的造型，大小不一的花朵组合在一起表现了冬天雪花绽放的厚重感与肌理感，添加银色珠子做点缀；如图 5 - 30 以雪花飘落的缤纷感觉为灵感来源，将暖色的抽丝圆片堆积在一起，表现出一层一层的雪片效果；如图 5 - 31 以下雪后雪花即将融化的感觉为灵感来源，主要设计手法是编结和盘绕；如图 5 - 32 以雪片掉落堆积的感觉为切入点，先将底料抽缝后钉缝珍珠，然后将蕾丝面料的刺绣花朵直接剪下来堆积钉缝（以上作者均为黄海潮）。

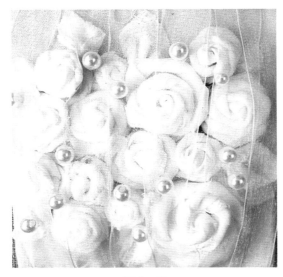

图 5 - 29

图 5 - 30

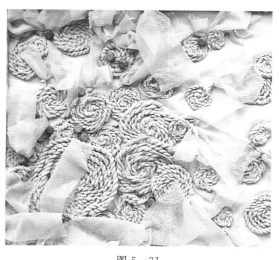

图 5 - 31

图 5 - 32

主题六 细胞之美

一、灵感来源

微观的英文是"micro",原意是"小"。微观与"宏观"相对。人的肉眼可以分辨直径大于0.1mm 以上的物体,小于该尺度的事物都属于微观世界。当我们对身边的实物产生审美疲劳的时候,可以在微观世界寻找设计灵感,比如,放大的细胞、水果的剖面等都可以作为设计元素,借用微观事物的色彩、图形和肌理,或抽象或具象地进行微观形象设计(如图 5 - 33 细胞图片)。

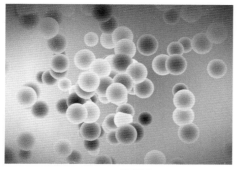

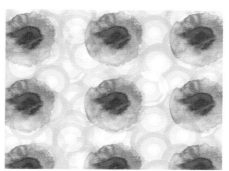

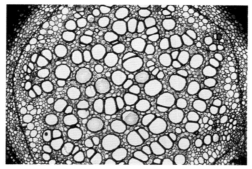

图 5 - 33

二、提取主题元素

主题元素：微观、艳丽、饱满、丰富、惊艳、排列、秩序、点、线、面。

三、成品展示

如图 5-34 灵感源于显微镜下多种多样、形态各异的细胞质结构，将这些细胞的形状和色彩通过面料表现出来，赋予面料全新的设计语言；如图 5-35 灵感源于猕猴桃剖面美丽的颜色和水果纤维结构，单纯的平面排列难以呈现出肌理感和设计感，作者通过错落和叠加的方式表达面料的再次设计；如图 5-36 灵感源于显微镜下细胞丰富的结构序列，将面料烧边后钉缝固定；如图 5-37 先将面料烧边后钉缝黄色米珠以及黑色线迹（以上作者均为于冬雪）。

图 5-34

图 5-35

图 5-36

图 5-37

主题七　民族元素

一、灵感来源

中国书法、篆刻印章、中国结、京戏脸谱、皮影、秦砖汉瓦、兵马俑、桃花扇、景泰蓝、玉雕、中国漆器、红灯笼、剪纸、风筝、龙凤纹样、饕餮纹、祥云图案、中国织绣、刺绣、水墨画、敦煌壁画 、年画(5－38 民族元素)。

图 5－38

二、提取主题元素

主题元素:肌理丰富、色彩艳丽、独具一格、吉祥、寓意。

三、成品展示

　　如图 5-39 灵感源于民族服饰夸张的色彩组合,将白色麻绳染色后按照渐变秩序黏贴;如图 5-40 灵感源于传统民族纹样的秩序骨格,将不织布剪裁后做钉缝和刺绣,最后将加工后的不织布纹样贴片(16 片)组合在一起;如图 5-41 灵感源于民族服饰上的贴花装饰,将红色麻绳盘绕在不织布上,然后添加珠子及针迹装饰;如图 5-42 灵感源于民族服饰上的刺绣工艺,以红色、黑色、黄色等粗麻绳线表现传统服饰的刺绣纹样,最后添加各色珠子等装饰(以上作者均为汪思洋)。

图 5-39

图 5-40

图 5-41

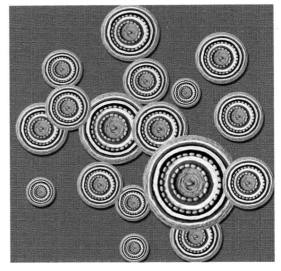

图 5-42

课后习题

　　1. 拟定一个主题,四人一组按主题创作 1～2 组面料再造设计作品。

第二节 设计实训

如何将好的设计理念用最直观、有效的方法表现出来呢？效果图只是作者前期构思的一个理想化平面图而已，不能代表个人的全面水平与综合素质，学生只有通过最真实的动手操作和训练，设计与表达能力才能得到更高等级的提升。所以服装实训设计训练是提高学生设计感和动手能力的有效方法。

一、整体造型设计实训

1.实训对象：专科人物形象班。

2.实训目的：提高学生对服装面料再造设计课程的认知以及动手操作能力，用最短的时间表达相对完整的设计整体与细节。

3.实训内容：以各种纸材（绘画纸、卡纸、手纸、宣纸等）为原始面料进行二次创作设计，参照影视剧中的某个人物，为其设计一套舞台服装，服装风格、设计手法不限，以体现人物性格为准。

4.实训课时：12课时。

实训一

1.设计对象：《来自星星的你》女主角。

2.设计理念：白色宣纸为主要材料，以折叠和剪切为面料造型手法进行二次再造设计，作品需要呈现一种高贵、大气、简洁的美感。

3.设计过程：

(1)制作上衣片，按照效果图要求剪装饰花片，绿色为花片模板，将绿色模板放在白色宣纸上用铅笔画出花的造型后剪裁备用（如图5－43）。

图5－43

(2)将剪裁好的花片粘于前胸做装饰（如图5－44、图5－45）。

(3)分层做裙摆褶裥，做好后按照层次固定于底裙（如图5－46、图5－47）。

图 5 - 44   图 5 - 45

图 5 - 46   图 5 - 47

（4）将上片和裙摆连接起来（如图 5 - 48、图 5 - 49）。

（5）完成图（如图 5 - 50）。

图 5 - 48

图 5 - 49

图 5 - 50

实训二

1. 设计对象:小龙女裙摆。

2. 设计理念:白色卡纸和红色泡棉纸为主要材料,以折叠和镂空为主要面料造型手法进行二次再造设计,作品需要呈现一种空灵、与众不同的美感。

3. 设计过程:

(1)将所需服装纹样打印出来备用(如图 5 - 51)。

(2)将红纸垫在打印纹样之下,用刻刀按照纹样雕花(如图 5 - 52)。

(3)将所需纹样直接画在泡棉纸上(如图 5 - 53)。

(4)用刻刀按照纹样雕刻(如图 5 - 54、图 5 - 55)。

(5)制作裙摆(如图 5 - 56 至图 5 - 57)。

(6)裙摆贴花,完成图(如图 5 - 58)。

图 5 - 51

图 5 - 52

115

图 5 - 53

图 5 - 54

图 5 - 55

图 5 - 56

图 5 - 57

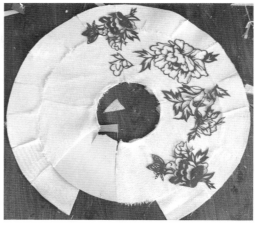

图 5 - 58

实训三

1. 设计对象：杨家将之杨六郎。

2. 设计理念：黑色和红色卡纸为主要材料，以手绘、剪切为主要面料造型手法进行二次再造设计，作品呈现一种威武、夸张的戏剧效果。

3. 设计过程：

(1)手绘裙摆所需纹样，然后描绘金边(如图 5-59、图 5-60)。

(2)将裙摆黏贴(图 5-61)。

(3)制作披肩(图 5-62)。

(4)完成图(图 5-63、图 5-64)。

图 5-59

图 5-60

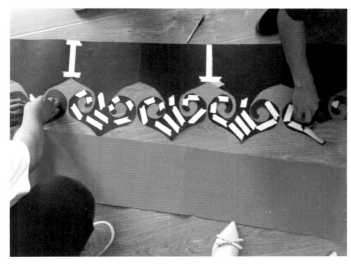

图 5-61

图 5-62

图 5 - 63

图 5 - 64

实训四

1.设计对象:欲望都市女主角礼服。

2.设计理念:白色宣纸、A4 复印纸和黑色卡纸为主要材料,以褶铜为主要面料造型手法进行二次再造设计,作品呈现一种浪漫、有趣的设计效果。

3.设计过程:

(1)制作胸衣褶裥(图 5 - 65)。

(2)制作裙摆褶裥(图 5 - 66)。

(3)上身效果图(图 5 - 67)。

图 5 - 65

图 5 - 66

图 5 - 67

二、局部造型设计实训

1.实训对象:本科服装设计班。

2.实训目的:提高学生对服装面料再造设计课程的认知以及动手操作能力,认识不同面料的性能以及相容性,以面料为载体,利用面料与辅料的组合打造全新的面料视觉效果。

3.实训内容:利用课程所学的设计方法及造型手段进行局部面料小样的设计与制作,要求以服用面料为主,非服用面料及辅料为辅助,风格不限、制作手法不限。

4.实训课时:16 课时。

如图 5-68 以冷色调为主,利用不同面料的厚与薄营造出一种面与面之间虚实相间的层次关系(作者黄海潮)。

图 5-68

如图 5-69 柔软的针织与硬挺的 PU 材质形成对比,以柔克刚,刚中带柔(作者于冬雪);如图 5-70 利用无纺布折叠后形成的不规则矩形叠加,整幅作品充满现代感(作者于冬雪)。

图 5-69

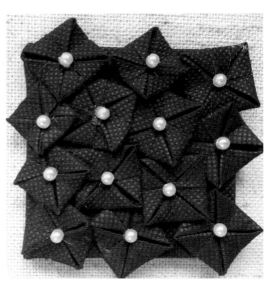

图 5-70

如图 5-71 厚重质感的面料所形成的褶子温暖而大气（作者黄海潮）；如图 5-72 细腻的黑色薄纱与粗犷的彩色毛线相映成趣（作者丁亚男）。

图 5-71

图 5-72

如图 5-73 面的逐层递进形成全新的立体视觉（作者汪思洋）；如图 5-74 长与短、横与纵的线交织在一起（作者于冬雪）。

图 5-73

图 5-74

如图 5-75 夸张的图案也是服装面料再造设计很好的表达方式之一(作者郝聪慧)。

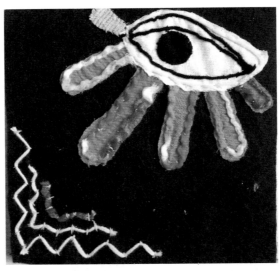

图 5-75

课后习题

1. 2 人一组完成一个主题式整体服装面料造型设计。
2. 每人一组完成 4～8(尺寸 8 * 8cm)个局部面料再造设计作品。

后记

在现代的服装设计专业学科中,服装面料的再造设计及工艺,在服装设计中起着至关重要的作用,其内容是对服装设计的拓展和延伸,对服装的款式设计,服装面料的细节设计有重要意义。

为了适应新形势下我国服装专业教育教学改革的需要,改变现有服装设计课堂教学中理论讲授所占比例过多,实践操作所占比例较少的情况,为给学生提供直接有效的服饰面料再造设计方法和实践操作指导,同时引发学生在服饰面料再造设计方面的自主学习能力,我们编写了本书。

全书既注重理论的系统性、科学性、条理性,更注重实践的重要性和可操作性,真正做到理论与实践相结合,符合现代艺术设计专业工学结合的实践教学特点。本书在保有原有理论教学的基础上,增加了实践操作实例及过程解析;在原有理论高度上增加启发式教学环节,使学生在应用本教材的过程中有所学、有所思、有所得,全面适应企业、市场对于学生的需求。

考虑到不同院校的不同要求,在本教材的编写过程中,我们做了大量的前期调研,并邀请众多具有丰富教学经验和实践经验的教师参与编写和修正,在内容编写方面应用最新材料、最新资讯作为基础,内容新颖、编写细致,完全适合教学需求和学生自学需要。本书还选用了大连艺术学院部分学生的作业。在此向所有参与本书编写的人员表示感谢。

由于撰写时间仓促,个人的学识有限,书中难免有疏漏之处,恳请广大读者斧正,我们将不断改进、提高。

编者
2017 年 12 月